全国高职高专规划教材

机械设计基础

主　编　方坤礼　邱荣凯

副主编　周常春　耿国卿　王　丹

王惠洁　刘　静

编　委　尹凌鹏　林钰珍

四川大学出版社

·成都·

责任编辑：楼　晓
责任校对：武慧智
封面设计：原谋设计工作室
责任印制：王　炜

图书在版编目(CIP)数据

机械设计基础 / 方坤礼主编. —成都：四川大学出版社，2013.1（2020.8 重印）
ISBN 978－7－5614－6374－1

Ⅰ.①机… Ⅱ.①方… Ⅲ.①机械设计－高等职业教育－教材 Ⅳ.①TH122

中国版本图书馆 CIP 数据核字（2012）第 308894 号

书名　**机械设计基础**

主　　编　方坤礼　邱荣凯
出　　版　四川大学出版社
地　　址　成都市一环路南一段 24 号 (610065)
发　　行　四川大学出版社
书　　号　ISBN 978－7－5614－6374－1
印　　刷　四川永先数码印刷有限公司
成品尺寸　185 mm×260 mm
印　　张　10.75
字　　数　258 千字
版　　次　2013 年 1 月第 1 版
印　　次　2020 年 8 月第 2 次印刷
定　　价　35.00 元

◆读者邮购本书，请与本社发行科联系。
电话：(028)85408408/(028)85401670/
(028)85408023　邮政编码：610065
◆本社图书如有印装质量问题，请寄回出版社调换。
◆网址：http://press.scu.edu.cn

前　言

“机械设计基础”是机电类和近机械类各专业必需的一门主干技术基础课，兼具理论性和实践性。针对高职高专的教育特点，以培养应用型技能人才为主，我们在参考大量文献资料的基础上，结合多年的教学经验，特编制此书。

本书在编写过程中，突出以下特点：

1. 项目化编排，以任务为载体支撑项目模块，同时以任务为驱动导入必要的基础理论知识。

2. 注重应用性，删减繁琐的理论公式推导过程，方便教学。

3. 强化课程的实践环节，准备适当的训练任务，通过任务提高学生的感受能力和操作能力。

4. 本书所采用的计算方法尽量与现有的计算规范和国家标准保持一致。

本书由衢州职业技术学院方坤礼和中国空气动力研究与发展中心设备设计及测试技术研究所邱荣凯担任主编，由衢州职业技术学院、内江职业技术学院、泰山职业技术学院、辽宁阜新高等专科学校、常州冶金技师学院、无锡技师学院等院校共同参与编写而成，参加编写的人员有：衢州职业技术学院林钰珍、内江职业技术学院周常春（项目一、二、五），衢州职业技术学院方坤礼、泰山职业技术学院耿国卿（项目三、四），衢州职业技术学院尹凌鹏、辽宁阜新高等专科学校王丹（项目六、七），常州冶金技师学院王惠洁、无锡技师学院刘静（项目八）。

本书的编者在编写过程中受到各个院校领导和同事们的大力支持，在此表示感谢。

由于编者的水平和实践知识所限，虽经几次改稿，但还可能有差错和不妥之处，恳请使用本书的广大教师、学生和读者批评指正。

编者

目 录

项目一　机械设计的基础知识

【学习目标】

1. 培养目标

培养学生对课程研究对象——机械、机器、机构、构件和零件的识别能力；能根据机械零件的失效形式和设计准则，建立设计流程；能用正确的学习方法快乐地完成课程的全部项目。

2. 知识目标

了解机械设计的研究对象，学习机械、机器、机构、构件和零件的识别方法；学习常见的零件失效形式和设计准则，熟悉常用机械零件的设计方法；转变学习观念，掌握正确的学习方法。

任务一　识别机械、机器、机构、构件和零件

【任务描述】

本课程的研究对象，从大的方面来说是机械，从小的方面来说则包括机器、机构、构件和零件。具体以图 1－1 所示的单缸内燃机为例，分析机器、机构、构件和零件的区别和识别方法。

【任务分析】

内燃机的作用主要是使燃料在气缸内燃烧，是将热能转化为机械能的机械装置，是动力的源泉。它主要由曲柄连杆机构、凸轮配气机构和齿轮传动部分组成，工作时上述部分必须按预定的规律执行运动。

本任务将介绍机械、机器、机构、构件和零件的基本概念；找出它们之间的区别点，总结识别方法。

【知识与技能】

一、机械

本课程的研究对象是机械。机械是机器和机构等的总称。

二、机器和机构

机器在我们的生活中普遍存在，种类繁多，发挥着各不相同的作用，如卷扬机用于完成悬吊任务、颚式破碎机用于压碎矿石等。虽然这些机器的具体构造也各不相同，但是所有这些机器都具有以下 3 个特征：

（1）它是人为的实物（构件）组合体；

（2）组成机器的各构件之间具有确定的相对运动；

（3）具有变换或传递能量、物料、信息的功能。

一部机器可包含一个或多个机构，如鼓风机、电动机只包含一个机构，而内燃机则包含3个机构。机器中最常用的机构有连杆机构、凸轮机构、齿轮机构、间歇运动机构等。从运动观点来看，机器和机构之间并无区别，因此，习惯上把机器和机构统称为机械。

三、机构和构件

机构是由若干个构件组成的，能实现预期的机械运动，并传递运动和动力。机构中的每个构件都是一个独立的运动单元。

四、构件和零件

构件是组成机械的基本运动单元，它可以是单一的零件，也可以是多个零件组成的刚性结构。零件是机械的制造单元，可以分为两类：一类是通用零件，在各种机器中普遍使用，如螺栓、螺母、齿轮、弹簧等；另一类是专用零件，仅在某些特定类型的机器中使用，如内燃机的活塞、汽轮机的叶片等。

【任务实施】

一、案例名称

识别机械、机器、机构、构件和零件。

二、实施步骤

（1）教师通过图片、视频增加学生对内燃机的认识。

（2）学生独立分析内燃机的机构组成以及机构中的构件或零件组成。

（3）学生独立分析内燃机的工作过程，说明工作循环路线。

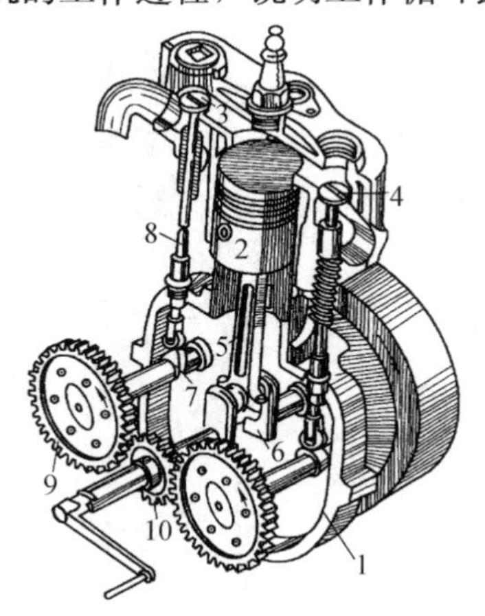

图1－1　单缸内燃机

1－气缸体　2－活塞　3－进气阀　4－排气阀　5－连杆
6－曲轴　7－凸轮　8－顶杆　9、10－齿轮

三、内燃机的组成分析

图1－1所示的内燃机，是将热能转化为机械能的机械装置，工作时内部各运动单

元具有确定的相对运动，因此是机器。

（1）内燃机主要由三大机构组成，连杆机构、齿轮机构和凸轮机构。请具体分析三大机构分别由哪些构件组成。

（2）图1－2所示是内燃机中的连杆，请思考连杆是构件还是零件？

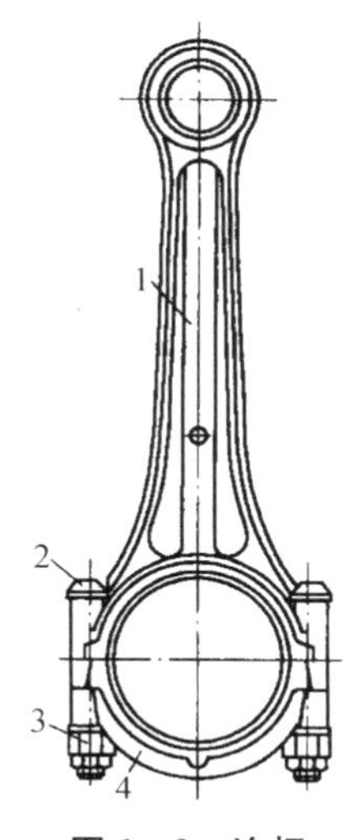

图1－2　连杆

1－连杆体　2－螺栓　3－螺母　4－连杆盖

四、内燃机的工作循环

（1）结合内燃机的工作视频，请描述内燃机的工作过程。

（2）在描述内燃机工作过程的基础上说明内燃机的工作循环路线。

【自测题】

1. 试举例说明机器、机构、构件、零件的区别。指出下列设备中哪些是机构：铣床、发电机、机械式手表、自行车、摩托车、洗衣机、汽车、电脑等。

2. 什么是通用零件？什么是专用零件？试各举3个实例。

任务二　初步认识零件的设计过程

【任务描述】

机械中，为了将两个不太厚的零件联接在一起，可以给两个零件设计通孔，并采用普通螺栓联接加以固定。为了保证零件间联接的可靠性，设计者必须根据应用需求建立设计任务，然后采用适用的设计方法，设计出合格的产品。要想设计出合格的产品，设计者必须兼顾众多因素，如产品的使用要求、经济要求、安全要求、外观要求等。而为了使设计满足上述要求，需要有正确的设计流程来指导设计过程。

本任务将介绍铰制孔用普通螺栓联接的设计流程。

【任务分析】

机械设计是指设计实现预期功能的新机械或改进现有机械的性能。机械零件由于某种原因丧失预定功能或预定功能指标降低至许用值以下的现象，称为失效。显然，合格的产品在预定使用期限内是不能失效的。因此，设计流程中必须有针对失效原因进行的可靠设计。在设计机械零件时，根据不同的失效形式建立的工作能力判定条件，称为设计计算准则。零件的设计计算准则体现在零件的设计流程之中，根据设计准则计算出零件的基本尺寸，进而完成零件的结构设计等后续工作。

【知识与技能】

一、机械设计的基本要求

（1）使用要求：设计的机械要能够实现预期的功能，即在规定的工作条件下，达到规定的预期功能要求，并保证在规定的工作期限内正常运转。为此，在机械设计时必须确定机械的工作原理和实现工作原理的机构组合，从而使机械性能好、效率高。

（2）经济性要求：机械产品的经济性应体现在设计、制造和使用的全过程。设计经济性体现在降低机械成本和缩短设计周期等方面，制造经济性体现在省工、省料、装配简便和缩短制造周期等方面，使用经济性体现在生产效率高、能源和材料消耗少、维护及管理费用低等方面。

（3）安全要求：操作方便、安全。机械的操作系统要简便可靠，符合人的生理特征，有利于减轻操作人员的劳动强度。要有各种保险装置，以保证人、机安全。

（4）外观要求：造型美观、减少环境污染。所设计的机械产品要重视外形和色彩方面的要求，使其外形美观。要尽量避免机械对环境的污染，做到绿色设计。

（5）其他要求：在满足以上基本要求的前提下，一些机械还有特殊要求，例如：航空产品要质量轻，食品机械要防止污染等。

二、机械零件的主要失效形式

机械零件有以下几种主要失效形式：

（1）断裂：零件在受拉、压、弯、剪、扭等外载荷作用时强度不够而发生，如图1－3（a）所示齿轮的断裂。

（2）表面点蚀：工作表面片状剥落，如图1－3（b）所示为齿轮表面的点蚀失效。

（3）过大的变形：如机床导轨过大的弹性变形会影响机器的精度；当零件的应力超过材料的屈服极限时，将会发生塑性变形，造成零件的尺寸和形状改变，破坏各零件的相对位置和配合关系，使机器不能正常工作，如图1－3（c）所示齿轮的塑性变形。

（4）表面破坏：指工作表面的过度磨损或损伤，如图1－3（d）所示轴瓦的磨损以及螺栓杆表面压溃等。

（5）正常工作条件遭破坏而引起的失效：一些零件只有在一定的工作条件下才能正常工作，当正常工作条件遭破坏时，就会引起失效。如液体滑动轴承只有在保持完整的润滑油膜时才能正常工作，否则将发生过热、胶合、磨损等形式的失效。

(a)齿轮断裂

(b)齿轮表面点蚀

(c)齿轮塑性变形(凹)

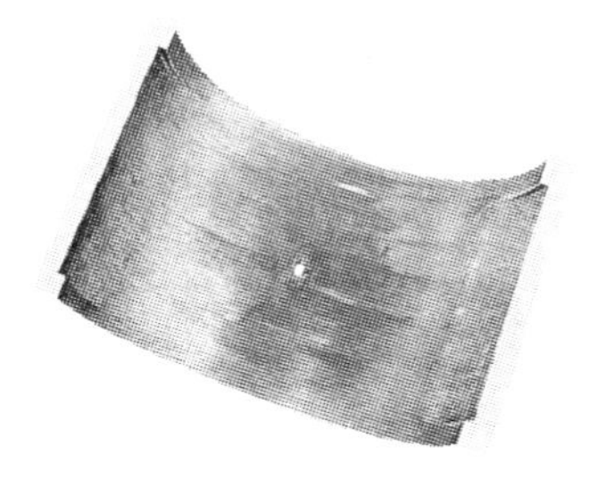

(d)轴瓦磨损

图 1－3　机械零件的失效形式

三、机械零件的设计计算准则

如表 1－1 所示。

表 1－1　机械零件的设计准则

设计准则	计算公式	失效形式	典型零部件
强度准则	$\sigma \leqslant \sigma_{\lim}/S$	断裂、疲劳破坏、残余变形	轴、齿轮、带轮等
刚度准则	$y \leqslant [y]$	弹性变形	轴、蜗杆等
寿命准则	满足额定寿命	腐蚀、磨损、疲劳	滚动轴承等
振动稳定性	$0.85f > f_p$ 或 $1.15f < f_p$	共振产生的工作失常	滚动轴承、齿轮、滑动轴承
可靠性准则	$R = N/N_0$		

四、机械零件常用材料及选择

1. 机械零件常用材料

如表 1－2 所示。

表 1－2　机械零件的常用材料

材料	举例	使用特点
金属材料	黑金属（碳钢、合金钢、铸铁）、有色金属及合金（铜合金、铝合金）	力学性能较好，能满足机械零件的多种性能和用途要求，应用广泛。
高分子材料	工程塑料、橡胶、合成纤维、黏胶	原料丰富，耐腐蚀性较好，主要用于化工设备和冷冻设备中。

续表 1—2

材料	举例	使用特点
陶瓷材料	普通陶瓷、特种陶瓷	硬度高，耐磨，耐腐蚀，熔点高，主要用于切削刀具等结构中。
复合材料	金属基复合材料、非金属基复合材料	具有较高的强度和弹性模量，主要用于航空、航天等领域。

2. 钢和铸铁

钢和铸铁都是铁碳合金。含碳量小于 2.11%的称为钢，含碳量大于 2.11%的称为铸铁。钢具有较高的强度、韧性和塑性，并可通过热处理改善其力学性能和切削性能。按照用途，钢可分为结构钢、工具钢和特殊性能钢；按照化学成分，钢可分为碳素钢和合金钢。钢制零件毛坯可通过铸造、锻造、冲压、焊接等方法制得，故应用十分广泛。铸铁具有良好的铸造性能，可制成形状、内腔复杂的零件。常用铸铁可分为灰铸铁、球墨铸铁、可锻铸铁和合金铸铁等。灰铸铁具有良好的减振性、耐磨性和切削性，故应用广泛。

常用钢铁材料的力学性能如表 1—3 所示。

表 1—3 常用钢铁材料的力学性能

材料		力学性能			件尺寸厚度或直径 d/mm
类别	牌号	强度极限 σ_b/MPa	屈服极限 σ_s/MPa	延伸率 δ_5/%	
碳素结构钢	Q215 Q235 Q275	335～450 375～500 490～630	215 235 275	31 26 20	$d\leqslant 16$
优质碳素结构钢	20 35 45	410 530 600	245 315 355	25 20 16	$d\leqslant 25$
合金结构钢	35SiMn 40Cr 20CrMnTi 65Mn	885 980 1 080 980	735 785 835 785	15 9 10 8	$d\leqslant 25$ $d\leqslant 25$ $d\leqslant 15$ $d\leqslant 80$
铸钢	ZG270—500 ZG310—570 ZG40SiMn	500 570 600	270 310 380	18 15 12	$d\leqslant 100$
灰铸铁	HT150 HT200 HT250	145 195 240	— — —	— — —	壁厚 10～20
球墨铸铁	QT400—15 QT500—7 QT600—3	400 500 600	250 320 370	15 7 3	壁厚 30～200

注：钢铁材料的硬度与热处理方法、试件尺寸等因素有关，具体可查阅机械设计手册。

3. 机械零件材料的选择原则

合理选择材料是机械零件设计的一个重要问题。设计者在选择材料时必须首先保证零件的使用性能要求，然后考虑工艺性和经济性。

（1）材料的使用性能。使用性能是保证零件完成规定功能的必要条件，是选材应首先考虑的问题。使用性能主要指零件在使用状态下应具有的力学性能、物理性能和化学性能。力学性能要求是在分析零件工作条件和失效形式的基础上提出的。如轴类零件，应具有优良的综合力学性能，即要求有高的强度、韧性、疲劳极限和良好的耐磨性。除此之外，根据零件工作环境等其他要求，对材料可能还有密度、导热性、抗腐蚀性等物理、化学性能方面的要求。

（2）材料的工艺性。零件在制造过程中，需要经过一系列的加工过程，而材料加工成零件的难易程度，将直接影响零件的质量、生产效率和成本，因此在选材时必须考虑加工工艺的影响。铸件应选用共晶或接近共晶成分的合金，以保证材料的液态流动性；锻件、冲压件应选择呈固溶体组织的合金，以保证材料具有良好的塑性和较低的变形抗力；焊接零件应考虑材料的可焊性和产生裂纹的倾向性等；对于切削加工的零件要考虑材料的易切性等；对进行热处理的零件要考虑材料的可淬性、淬透性及淬火变形的倾向等。

（3）材料的经济性。在满足使用性能的前提下，选用材料时应注意降低零件的总成本。零件的总成本包括材料本身的价格、加工费用及其他一切费用。

五、机械零件的设计流程

机械设计流程很多，既有传统的设计方法，也有现代的设计方法，这里只简单介绍常用机械零件的设计方法：

（1）根据工况和各个参数选用零件类型；

（2）确定载荷的性质、大小、方向等；

（3）分析零件的主要失效形式，确定计算准则；

（4）选择毛坯形式、材料及热处理方法等；

（5）根据计算准则确定零件的基本尺寸；

（6）根据功能要求、结构工艺要求、标准化要求完成零件的结构设计；

（7）对重要零件进行强度校核，保证安全性；

（8）完成零件全部生产图样绘制并编制设计说明书和使用说明书等技术文件。

常用零件的设计流程如图 1－4 所示。

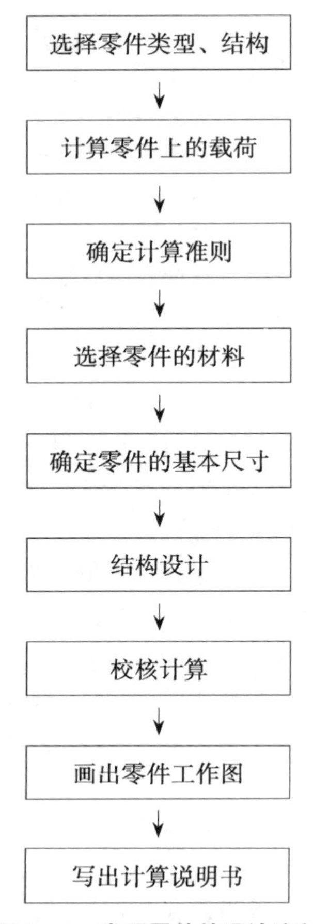

图 1－4　常用零件的设计流程

【任务实施】

一、案例名称

铰制孔用螺栓联接的设计流程。

二、实施步骤

(1) 教师通过图片增加学生对铰制孔用螺栓的认识。

(2) 学生独立分析铰制孔用螺栓联接的主要失效形式和相应的设计准则。

(3) 教师引入铰制孔用螺栓的具体的设计计算公式。

(4) 学生独立制出铰制孔用螺栓的设计流程。

三、引入铰制孔用螺栓联接

图 1－5 所示为铰制孔用螺栓联接。

结构特点：螺栓穿过被联接件的通孔，需用螺母实现联接。螺栓杆与孔壁过渡配合，可精确固定两被联接件的相对位置，孔需铰制，精度要求较高。其结构简单、加工方便、装拆容易、成本低廉。

应用场合：用于被联接件不太厚的场合。

四、分析铰制孔用螺栓的失效形式

如图 1－6 所示，外载荷靠螺栓杆的剪切和螺栓杆与被连接件的挤压来传递。请思考铰制孔用螺栓的失效形式。

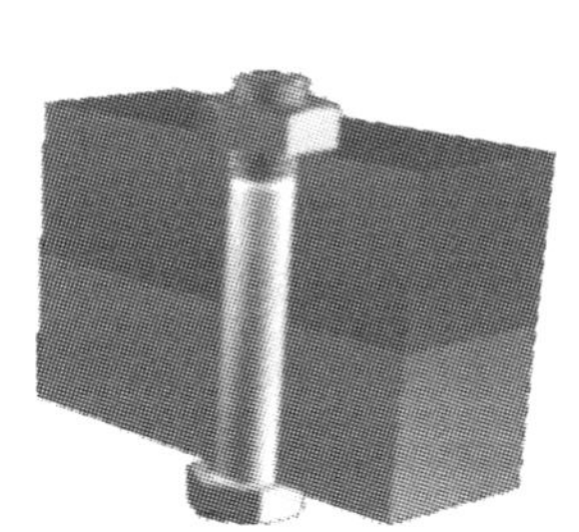

图 1－5　铰制孔用螺栓联接

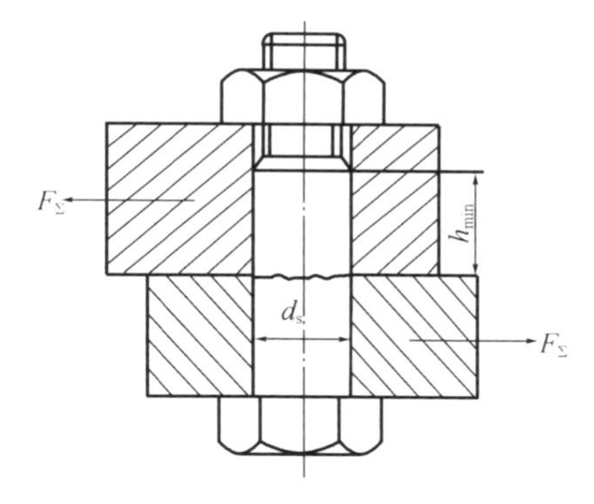

图 1－6　铰制孔用螺栓联接受力情况

五、铰制孔用螺栓联接的设计计算公式

图 1－6 中，单个螺栓所受的横向载荷为

$$F=\frac{F_\Sigma}{z} \tag{1-1}$$

则剪切强度

$$\tau=\frac{4F}{i\pi d_s^2}=\frac{4F_\Sigma}{zi\pi d_s^2}\leqslant[\tau] \tag{1-2}$$

挤压强度

$$\sigma_p=\frac{F}{d_s h_{min}}=\frac{F_\Sigma}{zd_s h_{min}}\leqslant[\sigma_p] \tag{1-3}$$

式中：

d_s——螺栓受剪面直径，单位为 mm；

F_Σ——横向载荷，单位为 N；

F——单个螺栓所受横向载荷，单位为 N；

z——螺栓的个数；

i——螺栓受剪面的数目；

h_{min}——螺栓杆与被连接件孔壁间接触受压的最小轴向长度，单位为 mm；

$[\tau]$——螺栓的许用切应力，单位为 MPa；

$[\sigma_p]$——螺栓或孔壁中较弱材料的许用抗压强度。

六、补充铰制孔用螺栓的设计流程表

如表 1－4 所示，若表中相关步骤不需要进行可以不填写。

表 1－4　设计流程表

步骤	常用零件的设计流程	铰制孔用螺栓的设计流程及相关公式
1	选择零件类型、结构	
2	计算零件上的载荷	

续表 1—4

步骤	常用零件的设计流程	铰制孔用螺栓的设计流程及相关公式
3	确定设计准则	
4	选择零件材料	
5	确定零件的基本尺寸	
6	结构设计	
7	校核计算	
8	画出零件工作图	
9	写出计算说明书	

【知识拓展】

对于机械零件的设计工作来说，标准化是非常重要的。所谓零件的标准化，是指对零件的尺寸、结构要素、材料性能、检验方法、设计方法、制图等的要求，制定出共同遵守的标准。

产品标准化包括产品品种规格的系列化、零部件的通用化和产品质量标准化三方面的含义。系列化是将同一类产品的主要参数、形式、尺寸、基本结构等依次分档，按一定规律优化组合成产品系列，以减少产品型号数目，是标准化的主要内容。通用化是将同一类或不同类型产品中用途结构相近似的零部件经过统一后实现通用互换，如螺栓、联轴器。产品质量标准化是指为了保证产品质量合格和稳定而进行的设计、加工工艺、装配检验、包装储运等环节的标准化。标准化的优越性表现为：

(1) 标准零件集中加工，成本大大降低，质量得到保证；

(2) 材料和零件的性能指标得到统一，提高了零件的可靠性；

(3) 采用标准结构及零部件，简化了设计工作，缩短了设计周期，提高了设计质量，便于维修。

在我国，现已发布的与机械零件设计有关的标准，从运用范围上来讲，可以分为国家标准（GB）、行业标准（JB、YB）和企业标准三个等级；按使用的强制性程度分为必须执行的标准（有关度、量、衡及涉及人身安全的标准）和推荐使用的标准（如直径标准等）。

【自测题】

1. 机械设计的基本要求有哪些？其设计过程如何？
2. 机械零件的常见失效形式有哪些？
3. 机械零件设计的主要计算准则有哪些？

项目二　平面机构及平面连杆机构分析

【学习目标】

1．培养目标

培养学生对平面机构组成及运动情况的分析能力；能用简单的线条和符号来表示构件和运动副，绘制机构的运动简图；能计算平面机构的自由度，判断平面机构是否具有确定的相对运动；会判断四杆机构的类型，能根据要求选择和设计四杆机构。

2．知识目标

理解平面机构的组成，熟悉构件、运动副的表示方法；掌握平面机构运动简图的绘制方法与步骤；熟记平面机构的自由度计算公式，掌握平面机构自由度计算时应该注意的问题；熟悉四杆机构的基本类型，熟记四杆机构曲柄存在的条件；熟悉四杆机构的基本特性，掌握四杆机构的设计方法与步骤。

任务一　绘制颚式破碎机的机构运动简图

【任务描述】

颚式破碎机主要用于压碎矿石，在研究或设计颚式破碎机的机构时，为了减少和避免机构复杂的结构外形对运动分析带来的不便和混乱，可以不考虑机构中与运动无关的因素，仅用简单的线条和符号来表示构件和运动，并按比例画出各运动副的相对位置。

【任务分析】

颚式破碎机的机构运动简图所表示的主要内容有：机构类型、构件数目、运动副的类型和数目以及运动尺寸等。

本任务引入运动副的概念及其分类，介绍构件和运动副的表达方法；总结平面机构运动简图的绘制方法和步骤。

【知识与技能】

一、平面机构

机构可分为平面机构和空间机构两大类。所有构件都在同一平面或相互平行的平面内运动的机构称为平面机构，否则称为空间机构。工程中常见的机构多属于平面机构。

在机构运动时，运动和动力从一个构件传递至其他构件，每个构件都既是运动和动力的接受者，又是传递者。根据构件在机构中所起的作用及所处的环节，构件可分为如下三类。

1. 机架（又称固定件）

机架是机构中相对固定的构件，用来支承其他活动构件，在一个机构中必有且只有一个构件为机架。如图 1－1 所示内燃机中的气缸体，它用来支承活塞、曲轴等其他构件。在研究机构的运动时，常以固定构件作为参考坐标系。

2. 原动件（又称主动件）

原动件是机构中运动规律已知的活动构件，它的运动和动力由外界输入，故又称为输入构件，通常与动力源相关联。如图 1－1 所示内燃机中的活塞就是原动件。

3. 从动件

从动件是机构中随原动件的运动而运动的其余活动构件。其中按预期的规律向外界输出运动和动力的从动件称为输出构件，其余从动件则起传递运动和动力的作用。如图 1－1 所示内燃机中的连杆和曲轴都是从动件，曲轴能输出预期的定轴转动，故为输出构件，连杆是传递运动的从动件。

二、运动副及其分类

使构件与构件之间直接接触并能产生一定相对运动的连接称为运动副。如轴与轴承、活塞与气缸、齿轮与齿轮形成的连接，都构成了运动副。

两构件之间的接触是通过点、线、面来实现的，按照接触特性，通常把运动副分为低副和高副。

1. 低副

低副是两构件通过面接触组成的运动副。根据构成低副的两个构件间可以产生的相对运动形式的不同，低副又可分为移动副和转动副。

移动副如图 2－1 所示，组成运动副的两个构件只能沿某一轴线做相对移动的运动副称为移动副。如内燃机活塞与气缸、机床工作台与导轨的连接都构成移动副。

转动副如图 2－2 所示，组成运动副的两个构件只能在某一平面内做相对转动的运动副称为转动副。如轴与轴承、铰链连接都构成转动副。

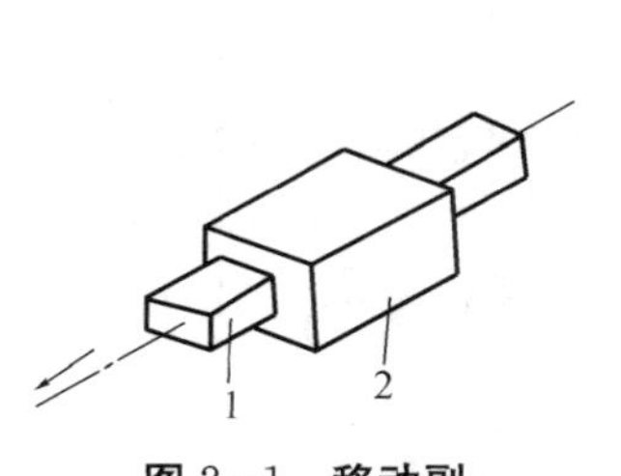

图 2－1　移动副

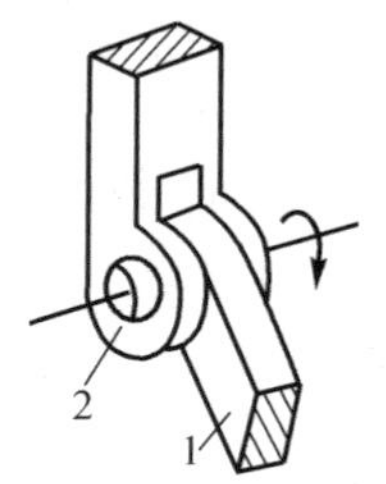

图 2－2　转动副

2. 高副

高副是两构件间通过点或线接触组成的运动副。图 2－3（a）所示的车轮 1 与钢轨 2、图 2－3（b）所示的凸轮 1 与从动件 2、图 2－3（c）所示的齿轮 1 和齿轮 2 分别在接触处 A 组成高副。组成平面高副两构件间的相对运动是沿接触处切线 $t-t$ 方向的移动和在平面内的转动。

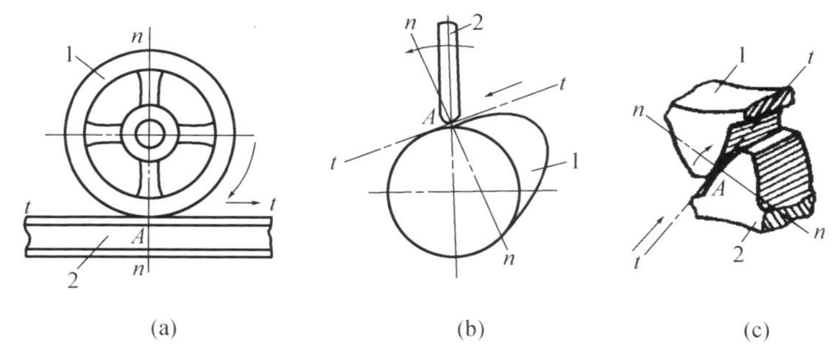

图 2－3　平面高副

(a) 1－车轮　2－钢轨　(b)　1－凸轮　2－从动件　(c)　1、2－齿轮

三、机构运动简图中运动副及构件的表示方法

两构件组成转动副的表示方法如图 2－4（a）、(b)、(c) 所示。图中的小圆圈表示转动副，其中图 2－4（a）表示组成转动副的两构件都是活动件，图 2－4（b）和图 2－4（c）表示构件 1 可运动，构件 2 为机架，并在表示机架的构件上画上阴影线。

两构件组成移动副的表示方法如图 2－4（d）、(e)、(f) 所示，移动副的导路必须与相对移动方向一致。同上所述，图中画阴影线的构件表示机架。

两构件组成高副时，其相对运动与这两个构件在接触部位的轮廓形状有关，因而在表示高副时应当画出两构件接触处的轮廓，如图 2－4（g）所示。

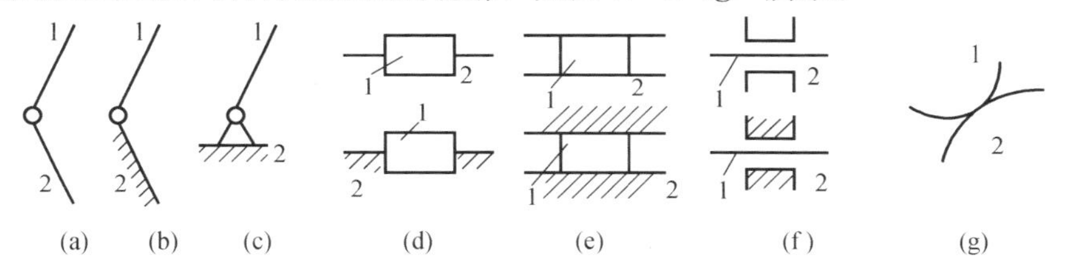

图 2－4　平面运动副的表示方法

构件的表示方法如图 2－5 所示，图 2－5（a）表示参与组成两个转动副的构件，图 2－5（b）表示参与组成一个转动副和一个移动副的构件，图 2－5（c）表示参与组成 3 个转动副并且 3 个转动副不在同一直线上的构件，图 2－5（d）表示参与组成 3 个转动副并且 3 个转动副分布在同一直线上的构件，超过 3 个运动副的构件的表示方法可依此类推。对于常用构件和零件，也可采用惯用画法，如用粗实线或点画线画出一对节圆来表示互相啮合的齿轮，或用完整的轮廓曲线来表示凸轮。其他常用零部件的表示方法可参看《机械制图机构运动简图符号》GB 4460—84。

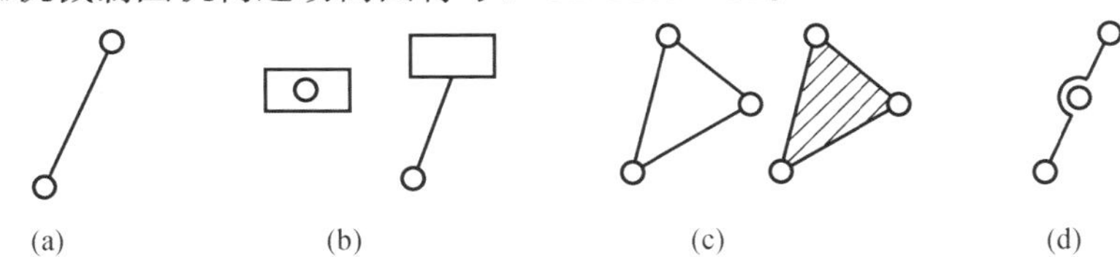

图 2－5　构件的画法

四、机构运动简图的绘制步骤

(1) 分析机构运动，并找出固定件、原动件与从动件。

(2) 从原动件开始，按照运动的传递顺序，确定构件的数目及运动副的种类和数目。

(3) 合理选择视图平面，并确定一个有代表性的瞬时机构位置。

(4) 选择合适的比例尺，按比例定出各运动副之间的相对位置和尺寸，并用规定符号绘制机构运动简图。

(5) 在机构运动简图上，标上构件号（如 1，2，3…）及运动副号（如 A，B，C…），并用箭头标明原动件。

【任务实施】

一、案例名称

绘制颚式破碎机的机构运动简图。

二、实施步骤

(1) 教师通过图片、视频增加学生对颚式破碎机作用及工作过程的认识。

(2) 学生独立分析颚式破碎机的构件数目、运动副类型和数目。

(3) 学生独立绘制颚式破碎机的机构运动简图。

三、分析颚式破碎机

请思考图 2－6 所示颚式破碎机的构件数目、运动副类型和数目？

四、工作过程描述

结合颚式破碎机的运动动画，指出颚式破碎机的原动件和从动件，并描述其运动传递路线。

五、绘制颚式破碎机的机构运动简图

按照机构运动简图的绘制步骤，绘制颚式破碎机的机构运动简图。

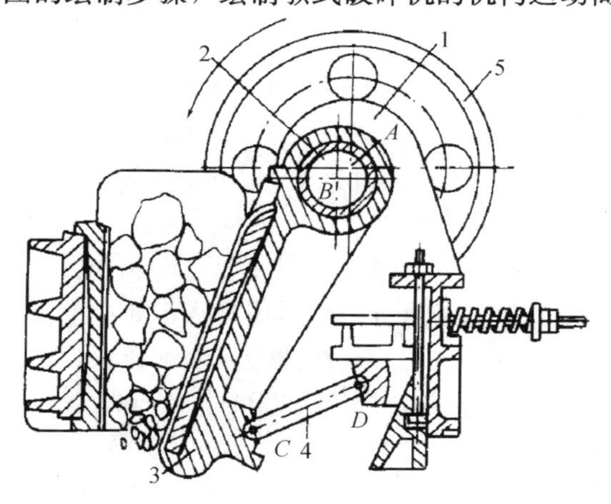

图 2－6 颚式破碎机

1－机架 2－偏心轮 3－动颚板 4－连架杆 5－飞轮

【自测题】

一、填空题

1. 运动副是指能使两构件之间既保持________接触，又能产生一定形式相对运动

的________。

2. 由于组成运动副中两构件之间的________形式不同，运动副分为高副和低副。

3. 运动副的两构件之间，接触形式有________接触、________接触和________接触三种。

4. 两构件之间作________接触的运动副，叫低副。

5. 两构件之间作________或________接触的运动副，叫高副。

6. 回转副的两构件之间，在接触处只允许________孔的轴心线做相对转动。

7. 移动副的两构件之间，在接触处只允许按________方向做相对移动。

二、简答题

1. 什么是运动副？运动副的作用是什么？什么是高副？什么是低副？

2. 平面机构中的低副和高副各引入几个约束？

3. 什么是机构运动简图？

三、综合题

1. 绘制图 2—7 所示的抽水唧筒的机构运动简图。

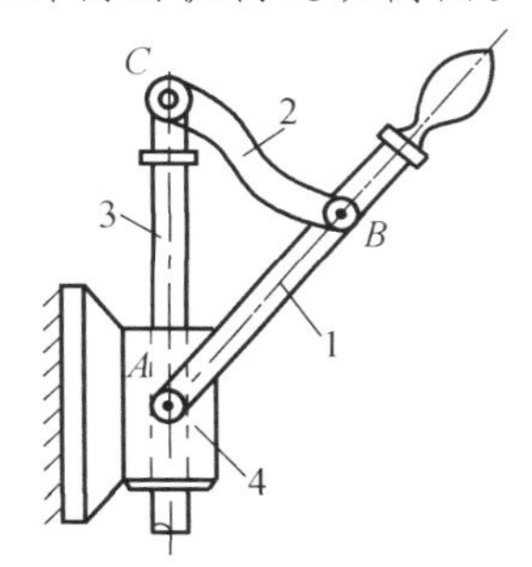

图 2—7　抽水唧筒及其机构运动简图

1—手柄　2—杆件　3—活塞杆　4—抽水筒

2. 绘制图 2—8 所示的缝纫机下针机构的机构运动简图。

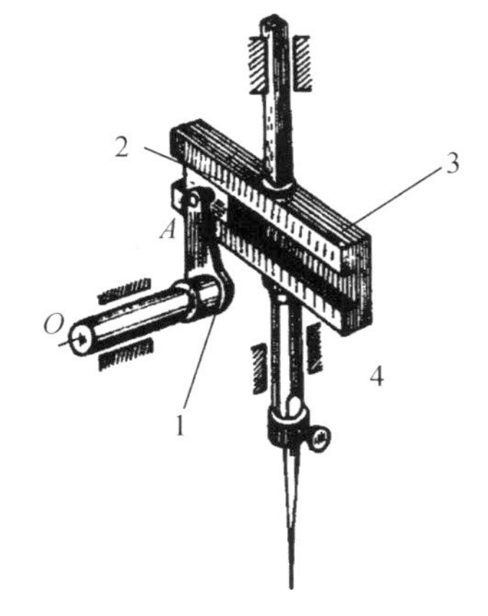

图 2—8　缝纫机下针机构

1—曲柄　2—滑块　3—机针　4—机架

任务二　判断大筛机构的运动形式

【任务描述】

机构是用来传递运动及动力的，显然它必须具有确定的运动形式，因而我们必须知道在什么条件下机构的运动才是确定的。

【任务分析】

大筛机构将原动件的整周回转运动转变为筛面的往复运动，利用筛面加速运动的惯性力达到筛分物料的目的。因此，筛面必须具有确定的运动形式。

本任务介绍机构具有确定运动的条件，引入平面机构自由度的计算公式。

【知识与技能】

一、构件的自由度

自由度即构件具有独立运动的数目。一个做平面运动的自由构件具有 3 个独立运动。

1. 平面机构自由度的计算

当两个构件组成运动副之后，他们的相对运动受到约束，自由度随之减少。不同种类的运动副引入的约束不同，所保留的自由度也不同。

假定某平面机构共有 N 个构件，除去固定构件，则有 $n=N-1$ 个活动构件。在未用运动副连接前，这些活动构件的自由度总数为 $3n$，当用运动副连接后，其自由度随之减少。若机构中低副和高副数目分别为 P_L 和 P_H，则运动副引入的约束总数为 $2P_L+P_H$。因此活动构件的自由度总数减去由运动副引入的约束总数就是该机构的自由度，以 F 表示，即

$$F=3n-2P_L-P_H \tag{2-1}$$

注意：n 为机构中的活动构件的个数，所以公式中的 n 不包括机架。

2. 机构具有确定运动的条件

图 2－9 所示为五杆机构，根据式（2－1）可得其自由度为 $F=3\times4-2\times5=2$，故自由度为 2。当杆件 1 为原动件即它的旋转角度 θ_1 已知时，构件 2、3、4 的位置并不能完全确定。如果再给定构件 4 的位置，即构件 4 也成为原动件，构件 4 的旋转角度 θ_4 已知时，构件 2、3 的位置便可以唯一确定。

由此可知，为使机构具有确定的运动，则机构的原动件数目应等于机构的自由度的数目。这是机构具有确定运动的必要条件。

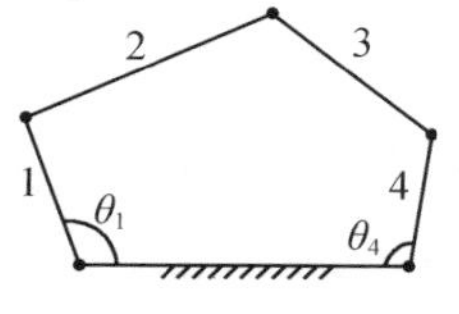

图 2－9　五杆机构

讨论如下：

（1）如果原动件数 W 少于自由度数 F，则机构会出现运动不确定的现象。

（2）如果原动件数 $W>F$，则机构会出现最薄弱的构件或运动副可能被破坏。

（3）如果原动件数 $W=0$，则机构会出现构件组合是刚性结构，各构件之间没有相对运动，不能成为机构。

得出结论：机构具有确定运动的条件是 F 大于零且 F 等于原动件的个数。即 $F>0$ 且 $F=W$。

二、计算平面机构自由度的注意事项

应用公式（2－1）计算平面机构自由度时，要注意下列情况。

1. 复合铰链

两个以上的构件同时在一条轴线上用转动副连接就构成复合铰链。如图 2－10（a）所示为 3 个构件组成的复合铰链，从其左视图 2－10（b）可以看出 3 个构件共组成两个转动副。以此类推，N 个构件汇交而成的复合铰链应具有（$N-1$）个转动副。在计算自由度时应注意找出复合铰链。

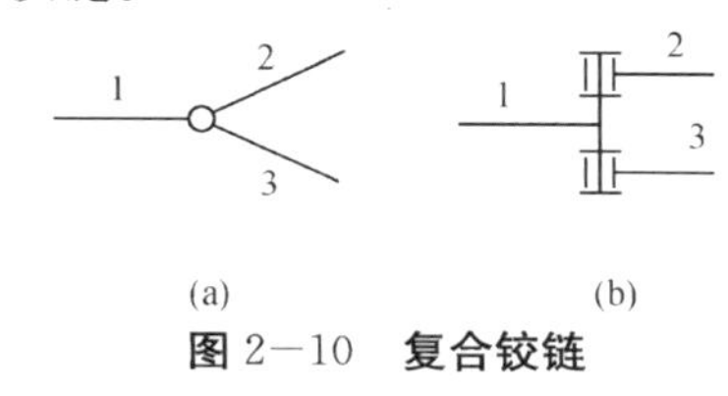

图 2－10　复合铰链

2. 局部自由度

机构中出现的与输出构件运动无关的自由度，称为局部自由度。在计算机构自由度时，应除去不计。

如图 2－11（a）所示的滚子从动件凸轮机构中，主动件凸轮 1 逆时针转动，通过滚子 3 带动从动件 2 在导路中往复移动。显然，滚子 3 绕其自身轴线 C 的转动完全不会影响输出构件 2 的运动，因而滚子绕其自身轴线的转动是一个局部自由度。在计算机构自由度时，可以设想将滚子与从动件 2 焊接成为一个构件，如图 2－11（b）所示。此时该机构 $n=2$，$P_L=2$，$P_H=1$，其自由度为

$$F=3n-2P_L-P_H=3\times2-2\times2-1=1$$

局部自由度虽然不影响整个机构的运动，但可以减少高副接触处的摩擦和磨损，所以在实际机构中常有局部自由度出现，如滚动轴承、滚轮等。

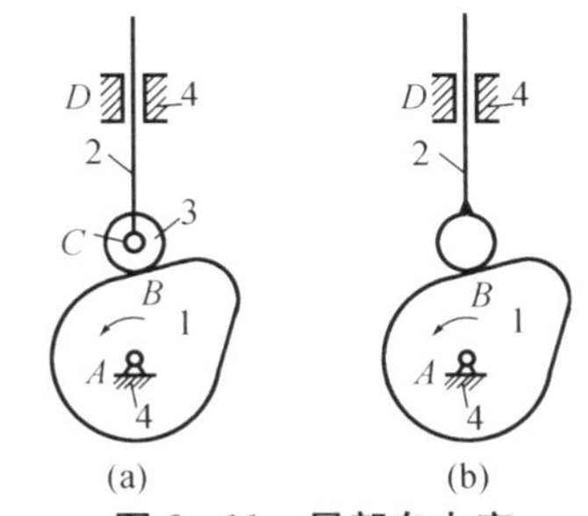

图 2－11　局部自由度

1－凸轮　2－构件　3－滚子　4－机架

3. 虚约束

在某些机构中，有些运动副带入的约束对机构自由度的影响是重复的，这些对机构运动不起新的限制作用的约束，称为虚约束。在计算机构自由度时，虚约束应除去不计，常见的虚约束经常出现在以下场合。

（1）两个构件之间组成多个导路平行的移动副时，只有一个移动副起作用，其余都是虚约束。如龙门刨床中的两个平行的 V 型导轨。

（2）两个构件之间组成多个轴线重合的转动副时，只有一个转动副起作用，其余都是虚约束。如两个轴承支持一根轴只能看作一个转动副。

（3）机构中传递运动不起独立作用的对称部分。如图 2－12 所示的轮系中，中心轮 1 通过两个对称布置的小齿轮 2 和 2′驱动内齿轮 3，其中只有一个小齿轮对传递运动起独立作用。

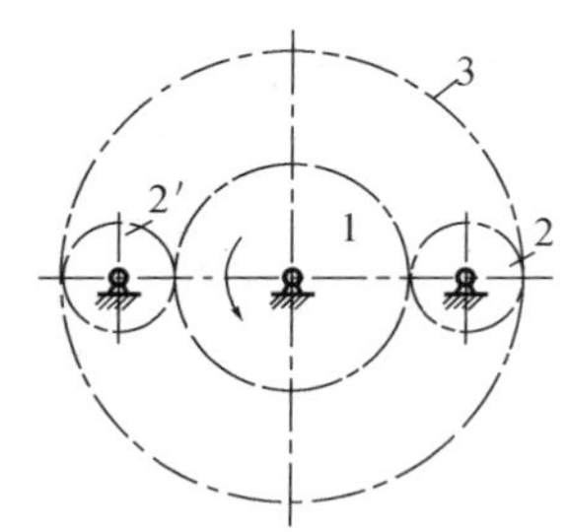

图 2－12 轮系

1－中心轮 2、2′－小齿轮 3－内齿轮

还有一些类型的虚约束需要通过复杂的数学证明才能判断，这里就不一一列举了。虚约束对运动虽不起作用，但能改善机构的受力状况和增加构件的刚性，所以在机械设计中有着广泛的应用。

【任务实施】

一、案例名称

判断大筛机构的运动形式。

二、实施步骤

（1）教师通过图片介绍大筛机构的作用及工作过程。

（2）学生总结计算自由度的注意事项。

（3）学生独立计算大筛机构的自由度。

（4）学生判断大筛机构是否具有确定的相对运动。

三、分析大筛机构

如图 2－13 所示。

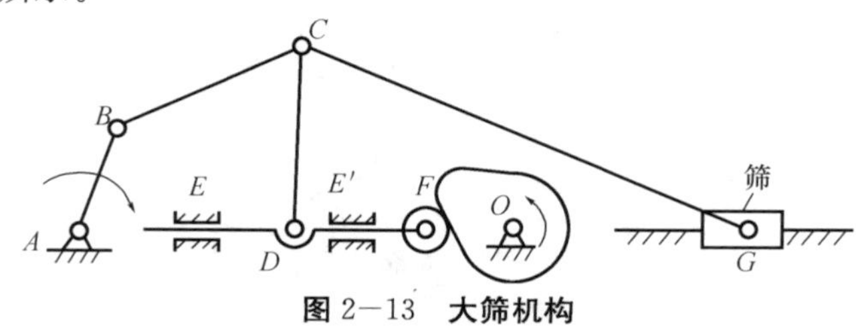

图 2－13 大筛机构

（1）请确定大筛机构的活动构件数目，判断有无复合铰链、虚约束和局部自由度，提出处理办法。

（2）计算大筛机构的自由度。

（3）判断大筛机构具有确定运动的条件。

【自测题】

一、填空题

1. 在平面运动中，一个自由构件具有________个独立运动。

2. 4 个构件在一处铰接，则构成________个转动副。

3. 一般情况下，一个低副给机构引入________个约束，一个高副给机构引入________个约束。

4. 机构具有确定运动的条件是________________________________。

二、简答题

1. 在计算机构的自由度时，应注意哪些事项？如何处理？

2. 如何判别复合铰链、局部自由度和虚约束？

三、综合题

1. 计算图 1—1 所示内燃机的自由度。

2. 计算图 2—14 所示机构的自由度，如有复合铰链、虚约束和局部自由度请指出。

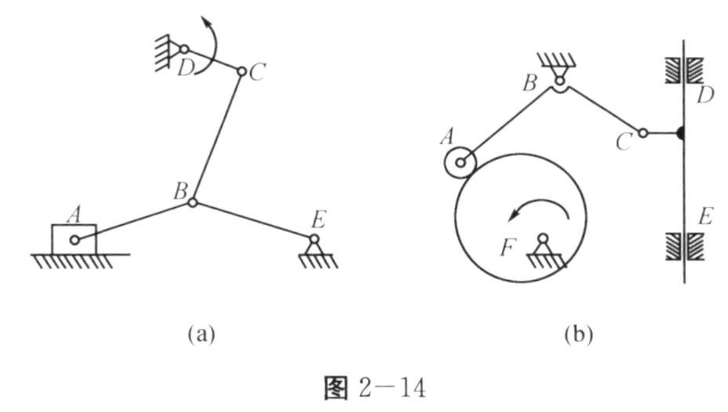

图 2—14

任务三　识别平面四杆机构的类型

【任务描述】

全部用转动副相连的平面四杆机构称为铰链四杆机构。铰链四杆机构有三种基本类型，同时又有多种演变类型。各类四杆机构在家用、农用及工程机械中应用都非常广泛。为了设计出符合应用要求的四杆机构，应能正确识别四杆机构的类型。

本任务在给定四杆机构各杆长度的条件下，完成四杆机构的类型判断。

【任务分析】

铰链四杆机构按两连架杆是曲柄还是摇杆可以分为 3 种基本类型：曲柄摇杆机构、

双曲柄机构和双摇杆机构。

判断铰链四杆机构是否存在曲柄，必须验证机构是否满足杆长条件和短杆条件。

【知识与技能】

一、铰链四杆机构

平面连杆机构是由若干个构件以低副连接组成的平面机构，因此又称为平面低副机构。平面连杆机构常以其所含的构件（杆）数来命名，如四杆机构、五杆机构、六杆机构等。常把五杆或五杆以上的平面连杆机构称为多杆机构，其中，最基本、最简单的平面连杆机构是由四个构件组成的平面四杆机构，它的应用十分广泛，而且是组成多杆机构的基础。

全部用转动副相连的平面四杆机构称为铰链四杆机构。如图 2—15 所示，它是平面四杆机构中最基本的形式，其他类型的四杆机构都是在它的基础上演化而成的。

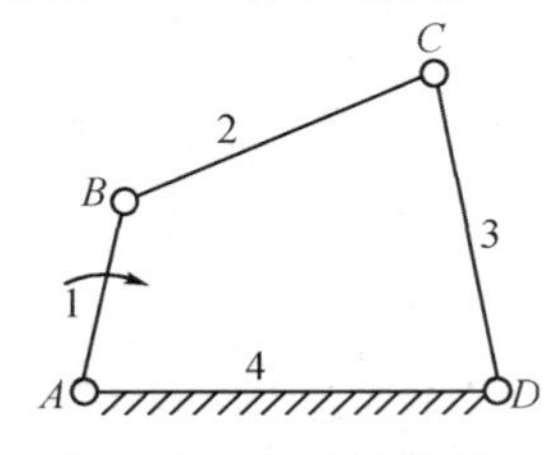

图 2—15　铰链四杆机构

在图 2—15 所示的铰链四杆机构中，固定构件 4 称为机架，与机架相连的构件 1 和 3 称为连架杆。其中，能绕机架做整周转动的连架杆称为曲柄，只能绕机架作一定角度往复摆动的连架杆称为摇杆，不与机架直接相连的构件 2 称为连杆。

二、铰链四杆机构的基本类型

铰链四杆机构按两连架杆是曲柄还是摇杆可以分为 3 种基本类型：曲柄摇杆机构、双曲柄机构和双摇杆机构。

1. 曲柄摇杆机构

两连架杆中一个为曲柄而另一个为摇杆的铰链四杆机构称为曲柄摇杆机构。通常其中的曲柄为原动件并做匀速转动时，摇杆做变速往复摆动。

图 2—16 所示为调整雷达天线俯仰角的曲柄摇杆机构。曲柄 1 缓慢地匀速转动，通过连杆 2 带动摇杆 3 在一定角度范围内摆动，从而调整雷达天线俯仰角的大小。

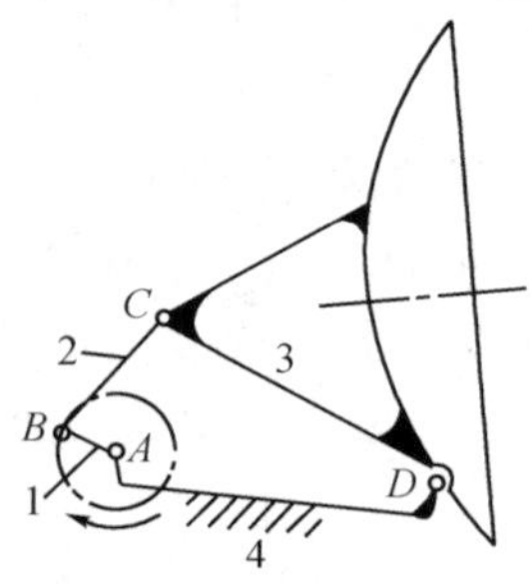

图 2—16　雷达调整机构

1—曲柄　2—连杆　3—摇杆　4—机架

2. 双曲柄机构

两连架杆均为曲柄的铰链四杆机构称为双曲柄机构。如图 2－17 所示的惯性筛中的铰链四杆机构，当主动轮曲柄 2 作等速回转一周时，曲柄 4 以变速回转一周，因而可使筛子 6 具有所需的加速度，利用加速运动的惯性力，使筛中的物料往复运动而达到筛分的目的。

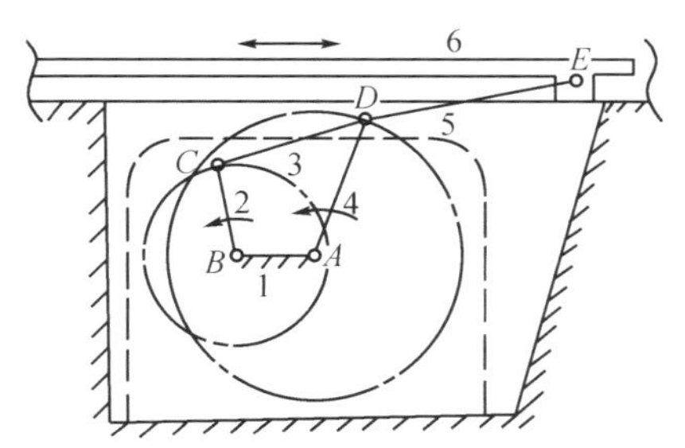

图 2－17　惯性筛的铰链四杆机构

2、4－曲柄　6－筛子

在双曲柄机构中，用得最多的是平行双曲柄机构。如图 2－18 所示的机车驱动轮联动机构中，3 个连架杆以相同的角速度沿同一方向转动。

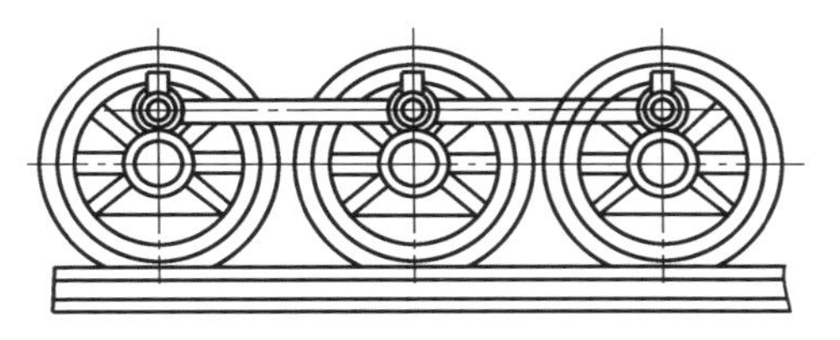

图 2－18　机车车轮联动机构

3. 双摇杆机构

两连架杆均为摇杆的铰链四杆机构称为双摇杆机构。图 2－19 所示为飞机起落架机构，由原动摇杆 3，通过连杆 2、从动摇杆 5 带动着陆轮处于着陆和飞行两个位置。

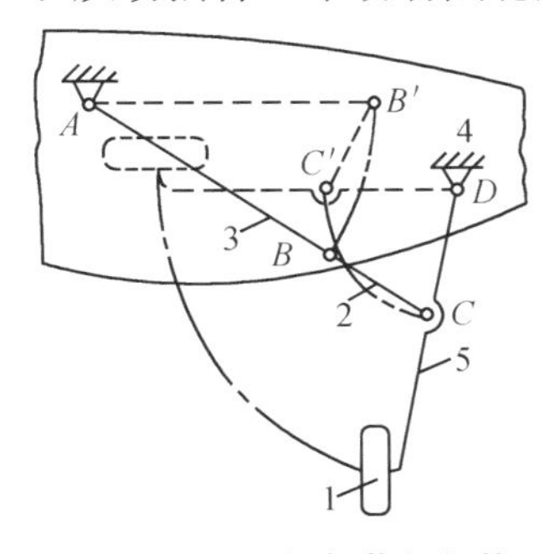

图 2－19　飞机起落架机构

1－着陆轮　2－连杆　3－摇杆　4－机身　5－从动摇杆

三、铰链四杆机构存在曲柄的条件

铰链四杆机构是否存在曲柄，取决于各杆的相对长度和选择哪个构件为机架，即包括整转副存在条件和曲柄存在条件。

首先分析整转副的存在条件。图 2－20 所示为曲柄摇杆机构，杆 1 为曲柄，杆 2 为连杆，杆 3 为摇杆，杆 4 为机架，各杆长度分别用 l_1、l_2、l_3 和 l_4 表示。为保证杆 1 整周回转，杆 1 必须顺利通过与连杆共线的两个极限位置 AB' 和 AB''，即分别形成 $\triangle AC'D$ 和 $\triangle AC''D$。

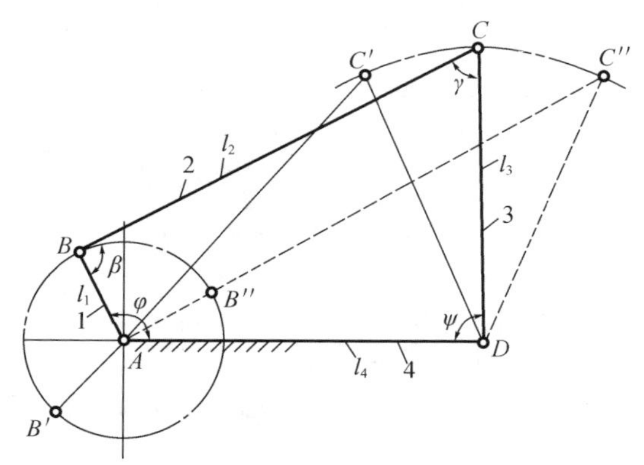

图 2－20　铰链四杆机构的曲柄存在条件

根据三角形任意两边之和必大于或等于第三边的定理。在 $\triangle AC'D$ 中可得

$$l_4 \leqslant (l_2 - l_1) + l_3$$

$$l_3 \leqslant (l_2 - l_1) + l_4$$

即

$$l_1 + l_4 \leqslant l_2 + l_3 \tag{2-2}$$

$$l_1 + l_3 \leqslant l_2 + l_4 \tag{2-3}$$

在 $\triangle AC''D$ 中可得

$$l_1 + l_2 \leqslant l_3 + l_4 \tag{2-4}$$

将式（2－2）、（2－3）、（2－4）两两相加，化简后可得

$$l_1 \leqslant l_2,\ l_1 \leqslant l_3,\ l_1 \leqslant l_4 \tag{2-5}$$

从上述分析可知，铰链四杆机构整转副存在的条件如下：

（1）铰链四杆机构的最短杆与最长杆长度之和小于或等于其余两杆长度之和。

（2）整转副是由最短杆与其邻边组成的。

其次是曲柄的存在条件。曲柄是连架杆，整转副位于机架上才能形成曲柄，具有整转副的铰链四杆机构是否存在曲柄，还应根据选择哪个杆为机架来判断。

（1）取最短杆的邻边为机架时，机架上只有一个整转副，故得到曲柄摇杆机构。

（2）取最短杆为机架时，机架上有两个整转副，故得到双曲柄机构。

（3）取最短杆的对边为机架时，机架上没有整转副，故得到双摇杆机构。

如果铰链四杆机构中的最短杆与最长杆长度之和大于其余两杆长度之和，则该机构中不存在整转副，且不存在曲柄，无论取哪个杆为机架都只能得到双摇杆机构。

四、铰链四杆机构的演化

平面铰链四杆机构可通过变更构件长度和形状、变更机架和扩大转动副等途径演化成其他平面连杆机构。

1. 曲柄滑块机构

图 2－21 所示为曲柄滑块机构的演化过程。图 2－21（a）为曲柄摇杆机构，铰链中心 C 的运动轨迹为以 D 为圆心和 l_{CD} 为半径的圆弧，当 l_{CD} 增至无穷大时，C 点轨迹变成直线，如图 2－21（b）所示。摇杆 3 演化为直线运动的滑块，转动副 D 演化为移动副，铰链四杆机构演化为如图 2－21（c）所示的曲柄滑块机构。

若 C 点运动轨迹 $m-m$ 正对曲柄转动中心 A，则称为对心曲柄滑块机构，如图 2－21（c）所示。若 C 点运动轨迹 $m-m$ 的延长线与曲柄转动中心 A 之间存在偏距 e，则称为偏置曲柄滑块机构，如图 2－21（d）所示。

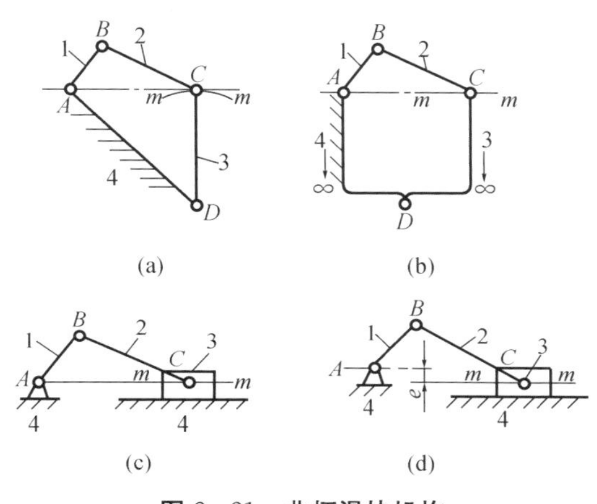

图 2－21 曲柄滑块机构

曲柄滑块机构广泛应用于活塞式内燃机、空气压缩机、冲床、压力机等机械中。

2. 导杆机构

导杆机构可看成是由变更曲柄滑块机构的固定构件演化而来，如图 2－22（a）所示的曲柄滑块机构中，如果以构件 1 为机架，即得到如图 2－22（b）所示的导杆机构，其中构件 4 称为导杆。当 $l_1<l_2$ 时，连架杆 2 和导杆 4 均可整周转动，称为转动导杆机构；当 $l_1>l_2$ 时，导杆 4 只能往复摆动，称为摆动导杆机构，如图2－23所示。通常取构件 2 为原动件，导杆 4 具有很好的传力性能，它受到来自滑块 3 的驱动力。

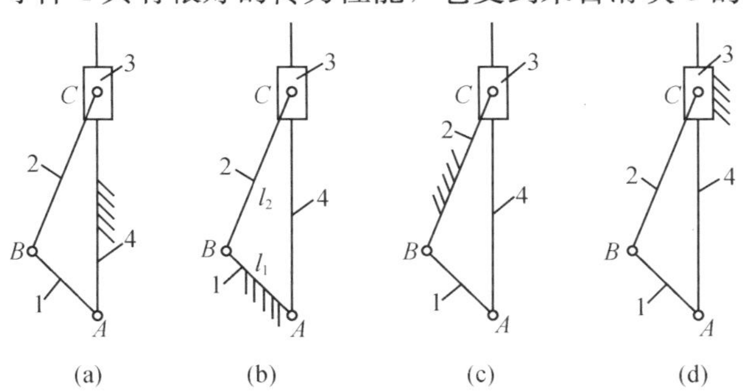

图 2－22 曲柄滑块机构的演化

导杆机构常用于牛头刨床、插床和回转式油泵等机械中。

3．摇块机构

如图 2－22（a）所示的曲柄滑块机构中，如果以构件 2 为机架，即得到如图 2－22（c）所示的摇块机构。这种机构广泛应用于缸式内燃机和液压驱动装置中。图 2－24 所示为摇块机构在自卸卡车上的应用，当液压缸 3 中的液压油推动活塞杆 4 运动时，车厢 1 便绕转动副中心 B 倾斜，到一定角度时，货物就自动卸下。

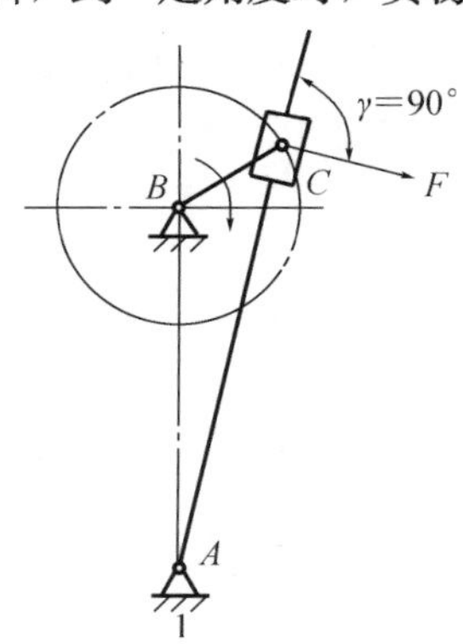

图 2－23　摆动导杆机构

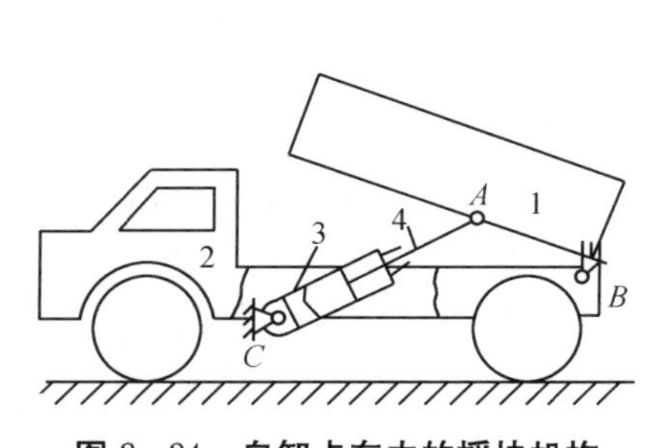

图 2－24　自卸卡车中的摇块机构

1－车厢　2－车身　3－液压缸　4－活塞杆

4．定块机构

如图 2－22（a）所示的曲柄滑块机构中，如果以构件 3 为机架，即得到如图 2－22（d）所示的定块机构。这种机构常用于抽油泵和抽水唧筒机构中。

5．偏心轮机构

在结构设计中需要把转动副 B 扩大，使之包含转动副 A，如图 2－25（b）所示，此时曲柄 1 演化为圆盘，其几何中心为 B，因运动时绕偏心 A 转动，故称之为偏心轮。A、B 之间的距离 e 称为偏心距，它等于曲柄的长度。通过扩大转动副得到的偏心轮机构，其相对运动不变，故图 2－25（b）所示的机构运动简图仍然可表示图 2－25（a）。

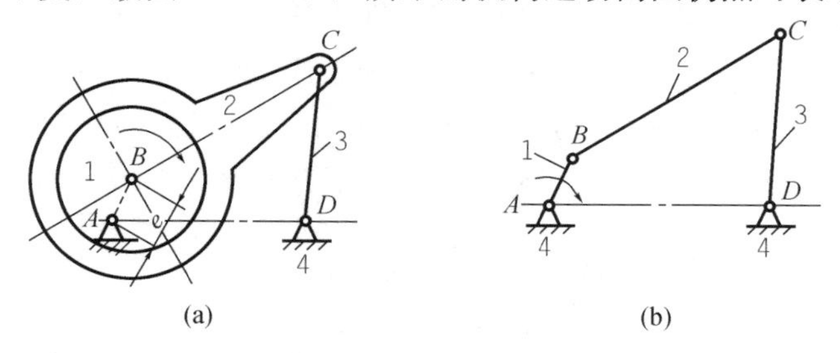

图 2－25　偏心轮机构

【任务实施】

一、案例名称

识别四杆机构的类型。

二、实施步骤

（1）教师总结双曲柄、曲柄摇杆和双摇杆机构的判断方法。

（2）学生独立判断图 2－26 所示各四杆机构的类型。

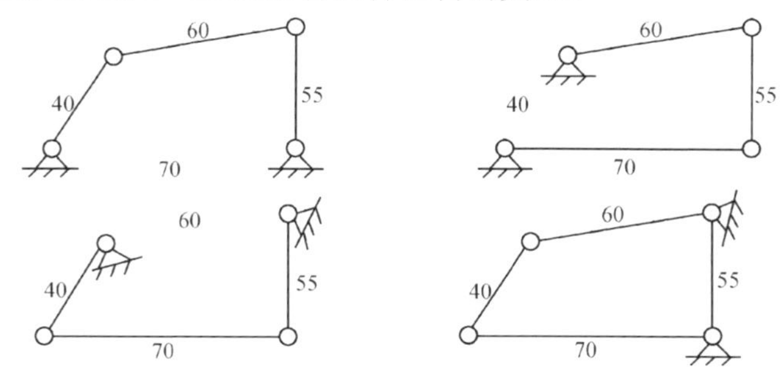

图 2－26　四杆机构各杆长度

三、总结各类四杆机构在日常生活中的应用

【自测题】

一、填空题

1. 在铰链四杆机构中，能绕机架上的铰链做整周________的________叫曲柄。

2. 在铰链四杆机构中，能绕机架上的铰链做________的________叫摇杆。

3. 平面四杆机构有三种基本形式，即________机构、________机构和________机构。

4. 组成曲柄摇杆机构的条件是：最短杆与最长杆的长度之和________其他两杆的长度之和；最短杆的相邻构件为________，则最短杆为________。

5. 在曲柄摇杆机构中，如果将________杆作为机架，则与机架相连的两杆都可以作________运动，即得到双曲柄机构。

6. 在________机构中，如果将________杆对面的杆作为机架时，则与此相连的两杆均为摇杆，即是双摇杆机构。

7. 在________机构中，最短杆与最长杆的长度之和________其余两杆的长度之和时，则不论取哪个杆作为________，都可以组成双摇杆机构。

二、简答题

1. 铰链四杆机构有哪几种基本形式，分别能实现何种运动形式的转化？

2. 铰链四杆机构曲柄存在的条件是什么？如何依照各杆长度判别铰链四杆机构的类型？

三、综合题

1. 试根据图 2－27 所注明的尺寸判断各铰链四杆机构的类型。

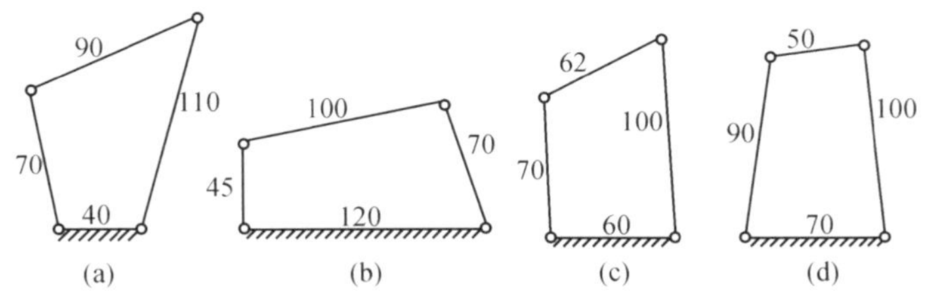

图 2－27　各铰链四杆机构的类型

2. 一铰链四杆机构，已知 $l_{BC}=50\ \text{mm}$，$l_{CD}=35\ \text{mm}$，$l_{AD}=30\ \text{mm}$，AD 杆为机架。试分析：

(1) 若此机构为曲柄摇杆机构时，l_{AB} 的取值范围。

(2) 若此机构为双曲柄机构时，l_{AB} 的取值范围。

(3) 若此机构为双摇杆机构时，l_{AB} 的取值范围。

任务四　设计四杆机构

【任务描述】

通过前述任务，我们可以方便地识别四杆机构的类型，清楚各类四杆机构的应用。本次任务主要完成主机构为曲柄摇杆机构的颚式破碎机的设计。

【任务分析】

颚式破碎机通过曲柄的整周回转带动连杆运动，实现摇杆的往复摆动，达到压碎矿石的目的。在摇杆往复摆动的过程中，去程花费时间小于回程，这称为曲柄摇杆机构的急回特性。设计过程需要利用曲柄摇杆机构的急回特性来实施。

【知识与技能】

一、急回特性与行程速比系数

如图 2－28 所示的曲柄摇杆机构中，当主动曲柄 1 顺时针匀速转动时，从动件摇杆 3 作往复变速摆动。曲柄 1 在转动一周的过程中，两次与连杆 2 共线，此时摇杆 3 分别位于左、右极限位置。摇杆在两极限位置的夹角 ψ 称为摇杆的摆角，对应的曲柄两位置所夹的锐角 θ 称为极位夹角。

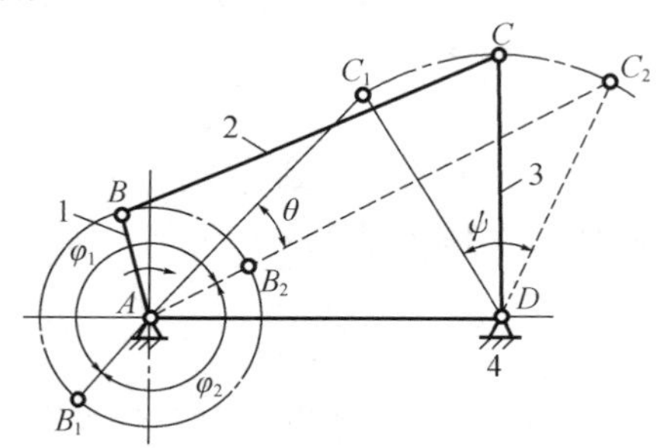

图 2－28　曲柄摇杆机构的急回特性

当曲柄由 AB_1 位置顺时针转动到 AB_2 位置时，曲柄转过的角度 $\varphi_1=180^0+\theta$，所用时间为 t_1，此时摇杆由左极限位置 C_1D 摆到右极限位置 C_2D，摇杆平均角速度 $\omega_1=\psi/t_1$。当曲柄由 AB_2 位置顺时针转动到 AB_1 位置时，曲柄转过的角度 $\varphi_2=180^0-\theta$，所用时间为 t_2，此时摇杆由右极限位置 C_2D 摆到左极限位置 C_1D，摇杆平均角速度 $\omega_2=\psi/t_2$。由于曲柄做匀速运动，显然 $t_1>t_2$，从而 $\omega_1<\omega_2$，即当曲柄匀速转动时，摇杆往

复摆动的速度不同，具有急回运动的特性。在机械设计中，常使摇杆由 C_1D 摆到 C_2D 为工作行程，由 C_2D 摆到 C_1D 为回程，从而缩短非生产时间，提高生产率，如牛头刨床、往复式输送机。

急回运动特性可用行程速比系数 K 表示，即

$$K=\frac{\omega_2}{\omega_1}=\frac{\psi/t_2}{\psi/t_1}=\frac{t_1}{t_2}=\frac{\varphi_1}{\varphi_2}=\frac{180^0+\theta}{180^0-\theta} \tag{2-6}$$

或

$$\theta=180^0\ \frac{K-1}{K+1} \tag{2-7}$$

上式表明，θ 与 K 之间存在一一对应关系，因此机构的急回运动特性取决于极位夹角 θ 的大小，若 $\theta=0$，$K=1$，则该机构无急回运动特性；若 $\theta>0$，$K>1$，则该机构具有急回运动特性，且 θ 越大，K 越大，急回特性越显著。

具有急回运动特性的四杆机构除曲柄摇杆机构外，还有偏置曲柄滑块机构和摆动导杆机构。在设计要求具有急回运动特性的机械时，可根据其对急回运动特性要求的不同程度确定行程速比系数 K，再计算出 θ 角，然后根据 θ 值确定各构件尺寸。

二、压力角和传动角

在生产中，不仅要求连杆机构能实现预期的运动规律，而且希望运转轻便，效率高，即具有良好的传力性能。如图 2－29 所示的曲柄摇杆机构，若忽略各杆的质量和运动副中的摩擦，则连杆 2 为二力杆，原动件曲柄 1 通过连杆 2 作用在从动摇杆 3 上的力 F 沿 BC 方向。作用在从动件上 C 点的驱动力 F 与该点绝对速度 v_C 之间所夹的锐角 α 称为机构在此位置时的压力角，由图可见，力 F 在 v_C 方向的有效分力为 $F_t=F\cos\alpha$，α 越小，有效分力 F_t 越大，故压力角 α 可作为判断机构传力性能的标志。在实际应用中，为度量方便，常以压力角 α 的余角 γ（即连杆和从动摇杆所夹的锐角）来判断连杆机构的传力性能，γ 角称为传动角，显然，α 越小，γ 越大，机构传力性能越好。

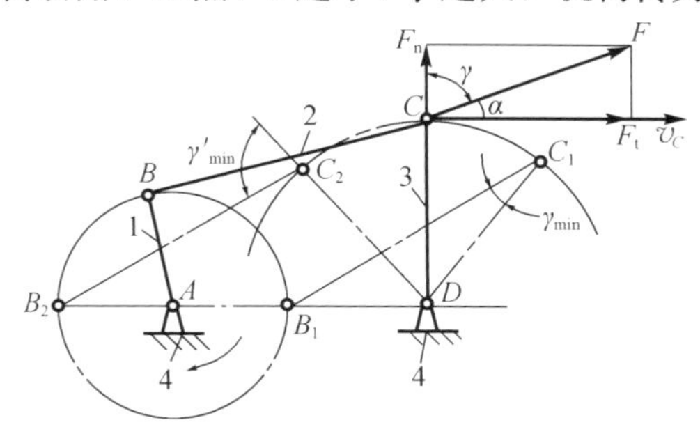

图 2－29 连杆机构的压力角和传动角

在机构运转时，传动角是变化的，为保证机构正常工作，必须规定最小传动角 γ_{min} 的下限，否则，当传动角太小时，传力性能太差，甚至会使机构出现自锁现象。通常取 $\gamma_{min}\geqslant 40^\circ\sim 50^\circ$。如图 2－29 所示，曲柄摇杆机构的最小传动角 γ_{min} 必出现在曲柄与机架共线的位置之一，证明可参看相关参考书。

三、死点位置

如图 2－29 所示的曲柄摇杆机构，如果以摇杆 3 为原动件，曲柄 1 为从动件，在摇

杆摆到极限位置 C_1D 和 C_2D 时，连杆 2 与曲柄 1 两次共线，从动件的传动角 $\gamma=0°$，即连杆传给曲柄的力通过铰链中心 A，不论此力多大，均不能使曲柄转动。机构的这种传动角为零的位置称为死点位置。

当机构处于死点位置时，机构的从动件将出现卡死或运动不确定现象。为了消除死点位置的不良影响，可以对从动曲柄施加外力，或利用飞轮及构件自身的惯性作用，使机构通过死点位置。如图 2－30 所示的缝纫机踏板机构以摇杆 1 为原动件，实际使用时常会出现踏不动或倒车现象，这就是由于机构处于死点位置引起的，在正常运转时，借助带轮的惯性作用，可以使曲柄顺利通过死点位置。

在生产中，有时也可利用机构在死点位置的自锁特性来满足一定的工作要求，如图 2－31 的钻床夹具，当工件 5 被夹紧时，铰链中心 B、C、D 共线，不论反力 F_n 多大，都不会使构件 3 转动，即能保证在去掉外力 F 之后，仍能可靠地夹紧工件。当要取出工件时，只需向上扳动手柄，即可松开夹具。

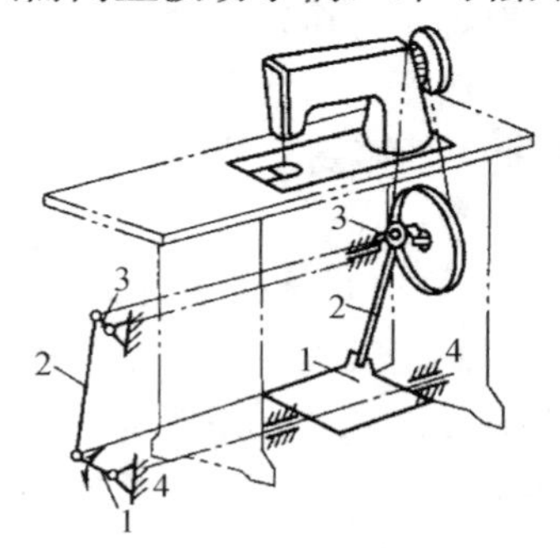

图 2－30 缝纫机踏板机构

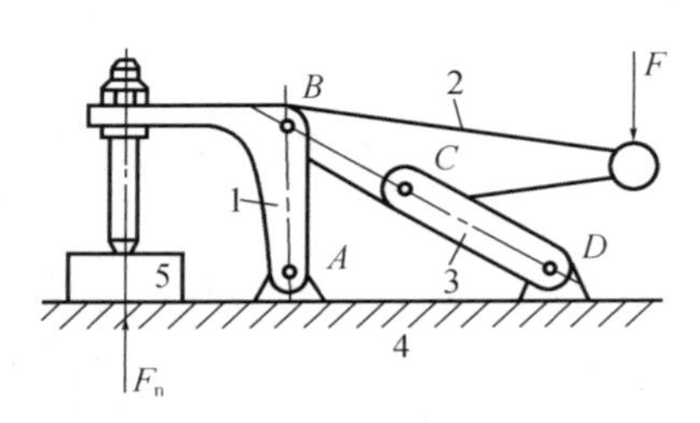

图 2－31 钻床夹具的夹紧机构

四、按给定的行程速比系数设计四杆机构

在设计具有急回运动特性的四杆机构时，首先根据已知条件选择四杆机构类型，如曲柄摇杆机构、偏置曲柄滑块机构和摆动导杆机构等；然后按实际工作需要确定行程速比系数 K，并求得极位夹角 θ，且结合其他辅助条件进行设计。下面以曲柄摇杆机构为例来说明其设计方法。

已知条件：行程速比系数 K，摇杆长度 l_3 及摆角 ψ。

该机构设计的实质是确定铰链中心 A 点的位置，定出其他三杆的长度 l_1、l_2 和 l_4。其设计步骤如下：

(1) 由给定的行程速比系数 K，按公式（2－7）求出极位夹角 θ。

(2) 选定比例尺，如图 2－32 所示，任取固定铰链中心 D 点的位置，根据摇杆长度 l_3 及摆角 ψ 作出摇杆两个极限位置 C_1D 和 C_2D。

(3) 连接 C_1 和 C_2 点，并过 C_1 点作 C_1M 垂直于 C_1C_2，再作 $\angle C_1C_2N=90°-\theta$，$C_2N$ 与 C_1M 交于 P 点，则 $\angle C_1PC_2=\theta$。

(4) 作 $\triangle C_1PC_2$ 的外接圆，在此圆周（弧 C_1C_2 和弧 EF 除外）上任取一点 A 作为曲柄的固定铰链中心，连 AC_1 和 AC_2，因同一圆弧的圆周角相等，故 $\angle C_1AC_2=\angle C_1PC_2=\theta$。

(5) 因极限位置处曲柄与连杆共线，故 $AC_1=l_2-l_1$，$AC_2=l_2+l_1$，从而可得曲柄长度 $l_1=(AC_2-AC_1)/2$，连杆长度 $l_2=(AC_2+AC_1)/2$，由图得 $l_4=AD$。

由于 A 点是$\triangle C_1PC_2$ 的外接圆上任选点，所以若仅按行程速比系数 K 设计，可得无穷多解。但 A 点位置不同，机构的最小传动角及曲柄、连杆和机架的长度也各不相同，为使机构具有良好的传动质量，可按最小传动角或其他辅助条件来确定 A 点位置。

同理，可设计出满足给定行程速比系数 K 的偏置曲柄滑块机构、摆动导杆机构等。

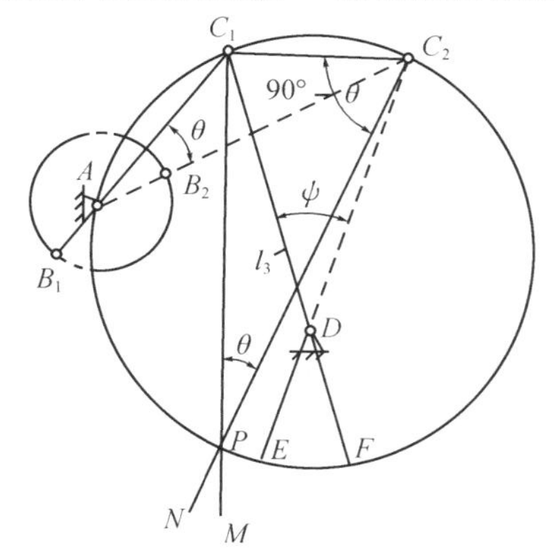

图 2－32 按行程速比系数 K 设计曲柄摇杆机构

【任务实施】

一、案例名称

颚式破碎机主运动机构的设计。

二、实施步骤

（1）图 2－33 所示为颚式破碎机主运动机构，教师介绍颚式破碎机的主运动机构，引入设计要求：行程速比系数 $K=1.2$，颚板长度 $l_3=300\ \text{mm}$，颚板摆角 $\psi=35°$。

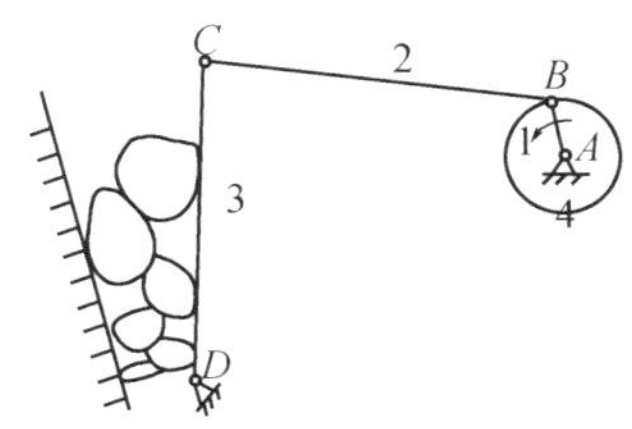

图 2－33 颚式破碎机主运动机构

（2）学生完成设计过程。

（3）教师评估设计结果。

三、计算极位夹角

$$\theta=180°\frac{K-1}{K+1}$$

四、图解设计

（1）任选固定铰链 D 的位置，选定比例，按摇杆摆角定出摇杆的两个极限位置；

（2）做辅助圆；

（3）确定曲柄中心，验证传动角度；

（4）得出各杆长度。

【自测题】

一、填空题

1. 机构从动件所受力方向与该力作用点速度方向所夹的锐角，称为________角，用它来衡量机构的________性能。

2. 压力角和传动角互为________角，传动角越大，机构的传动性能越________。

3. 当机构的传动角等于0°（压力角等于90°）时，机构所处的位置称为________位置。

4. 曲柄摇杆机构中，从动件摇杆处于两个极限位置时，主动件曲柄对应的两个位置所夹的锐角称为________。

5. 曲柄摇杆机构中，主动件曲柄匀速转动，从动件摇杆去程速度慢，而回程速度快，这种现象称为________。

二、简答题

1. 曲柄摇杆机构中，摇杆为什么会产生急回运动？

2. 什么叫行程速比系数？如何判断机构有否急回运动？

3. 平面连杆机构中，哪些机构在什么情况下出现“死点”位置？

三、综合题

1. 画出下图2－34所示各机构的压力角和传动角，图中标注箭头的构件为原动件。

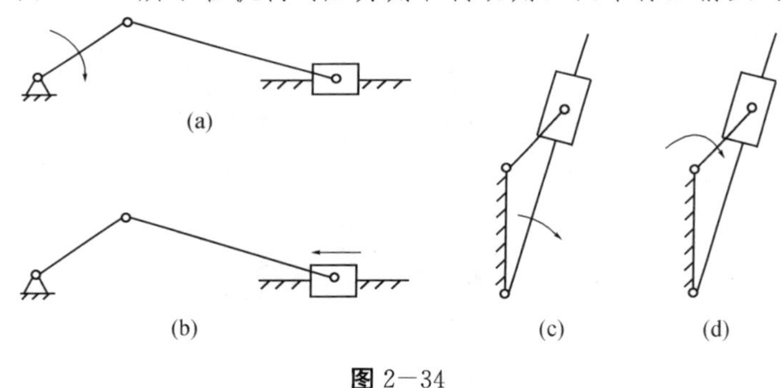

图 2－34

2. 试用图解法设计一曲柄摇杆机构。已知摇杆长 $l_3=100$ mm，摆角 $\psi=45°$，摇杆的行程速比系数 $K=1.25$，机架长 $l_4=125$ mm。

3. 设计一曲柄滑块机构，如下图所示。已知滑块的行程 $s=50$ mm，偏距 $e=16$ mm，行程速比系数 $K=1.2$，求曲柄和连杆的长度。

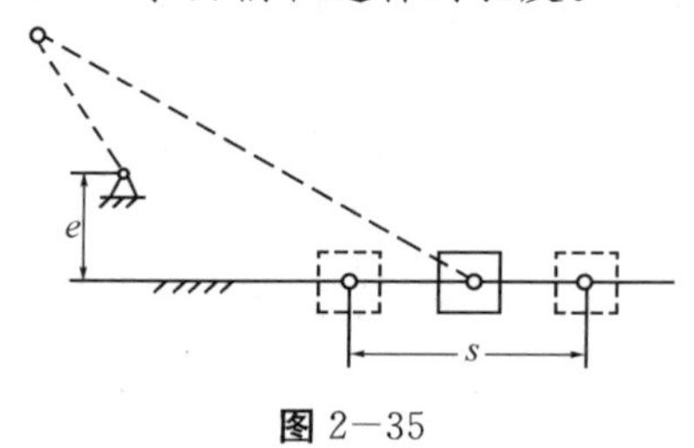

图 2－35

项目三　凸轮机构及间歇运动机构

【学习目标】

1. 培养目标

能将凸轮机构、间歇运动机构应用在控制装置中，实现无或有特定运动规律要求的工作行程。能根据工作要求和使用场合给凸轮机构选择合适的从动件运动规律，结合一些具体的条件可以进行凸轮轮廓的设计。

2. 知识目标

熟悉凸轮机构和常用间歇运动机构（棘轮机构、槽轮机构和不完全齿轮机构等）的应用特点和类型。理解凸轮机构常用从动件的运动规律，掌握凸轮轮廓线的设计方法，了解凸轮机构基本尺寸的确定原则。

任务一　绘制凸轮机构从动件的位移线图

【任务描述】

在设计机械时，当要求机械中某些从动件的位移、速度和加速度必须严格地按照某种预定的运动规律变化时，通常最为简便的办法是采用凸轮机构。在设计凸轮机构前，必须先选择凸轮机构的类型，确定合适的从动件运动规律，绘制位移线图。

【任务分析】

工程实际中所使用的凸轮机构是多种多样的，常用的分类方法有以下几种：按凸轮形状分，按从动件形状分，按从动件的运动形式分以及凸轮与从动件保持接触的方法分。设计时，可以根据工作要求和使用场合的不同来加以选择。

凸轮机构设计的关键是根据工作要求和使用场合选择合适的从动件运动规律。从动件常用的运动规律有等速运动规律、等加速等减速运动规律、余弦加速度运动规律等。设计者可以根据应用场合选择合适的从动件运动规律并绘制位移线图。

【知识与技能】

一、凸轮机构

凸轮机构由凸轮、从动件和机架三部分组成，结构简单，只要设计出适当的凸轮轮廓曲线，就可以使从动件实现任何预期的运动规律。但另一方面，由于凸轮机构是高副机构，易于磨损，因此只适用于传递动力不大的场合。

图 3－1 所示为内燃机配气机构，盘形凸轮 1 作等速转动，通过其向径的变化可使从动杆 2 按预期规律作上、下往复移动，从而达到控制气阀开闭的目的。

图 3－2 所示为仿形刀架，工件以 ω 回转，凸轮作为靠模被固定在床身上，刀架在弹簧作用下与凸轮轮廓紧密接触。当拖板纵向移动时，刀架在靠模板（凸轮）曲线轮廓的推动下做横向移动，从而切削出与靠模板曲线一致的工件。

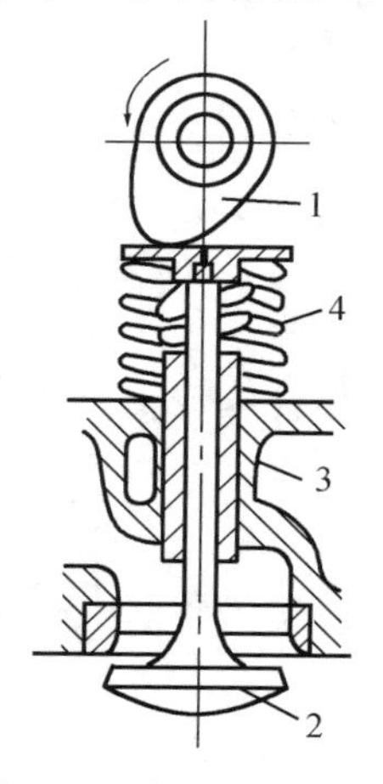

图 3－1　内燃机配气机构

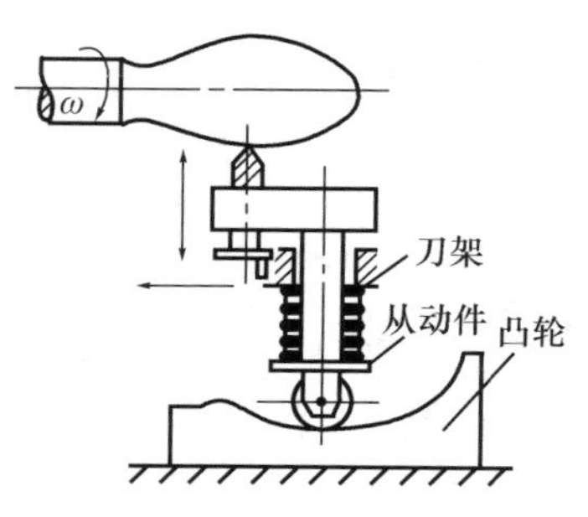

图 3－2　仿形刀架

图 3－3 所示为自动送料机构，当带有凹槽的凸轮 1 转动时，通过槽中的滚子，驱使从动件 2 做往复移动。凸轮每转一周，从动件即从储料器中推出一个毛坯，送到加工位置。

图 3－4 所示为分度转位机构，蜗杆凸轮 1 转动时推动从动轮 2 作间歇转动，从而完成高速、高精度的分度动作。

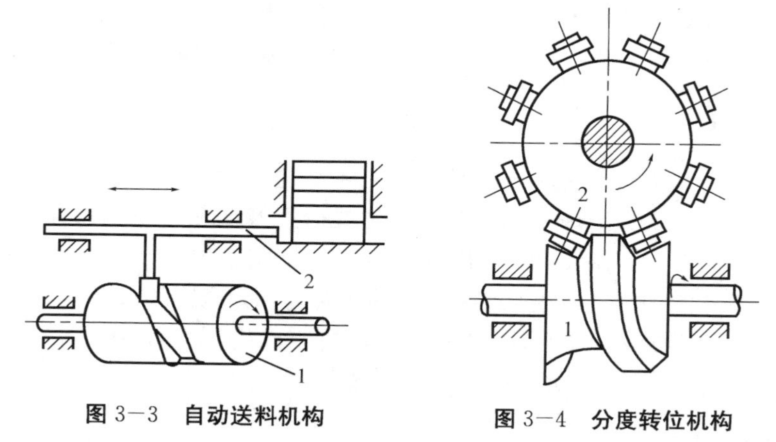

图 3－3　自动送料机构　　**图 3－4　分度转位机构**

二、凸轮机构分类

凸轮机构的类型很多，常就凸轮和从动杆的端部形状及其运动形式的不同来分类。

1. 按凸轮的形状分类

（1）盘形凸轮。盘形凸轮是一个具有变化向径的盘形构件，绕固定轴线回转，如图 3－1 所示。

（2）移动凸轮。移动凸轮可看作是转轴在无穷远处的盘形凸轮的一部分，它做往复直线移动，如图 3－2 所示。

（3）圆柱凸轮。圆柱凸轮是一个在圆柱面上开有曲线凹槽，或是在圆柱端面上作出曲线轮廓的构件，它可看作是将移动凸轮卷于圆柱体上形成的，如图 3－3 所示。在这种凸轮机构中，凸轮与从动件之间的相对运动是空间运动，故它属于空间凸轮机构。此外空间凸轮机构还有端面凸轮、截锥体凸轮、球形凸轮等。

2. 按从动杆的端部形状分类

（1）尖顶，如图 3－5（a）所示，这种从动杆的构造最简单，但易磨损，只适用于作用力不大和速度较低的场合，如用于仪表等机构中。

（2）滚子，如图 3－5（b）所示，滚子从动杆由于滚子与凸轮轮廓之间为滚动摩擦，磨损较小，故可用来传递较大的动力，因而应用较广。

（3）平底，如图 3－5（c）所示，平底从动杆的优点是凸轮与平底的接触面间易形成油膜，润滑较好，所以常用于高速传动中。

3. 按推杆的运动形式分类

（1）移动，如图 3－5（a）和（c）所示，推杆做往复直线运动。在移动从动杆中，若其轴线通过凸轮的回转中心，则称其为对心移动从动杆，否则称为偏置移动从动杆。

（2）摆动，如图 3－5（b）所示，推杆做往复摆动。

4. 按锁合方式分类

按锁合方式的不同，凸轮可分为：力锁合凸轮，如靠重力、弹簧力锁合的凸轮等（如图 3－1、3－2 所示）；形锁合凸轮，如沟槽凸轮、等径及等宽凸轮、共轭凸轮（如图 3－3、3－4 所示）等。

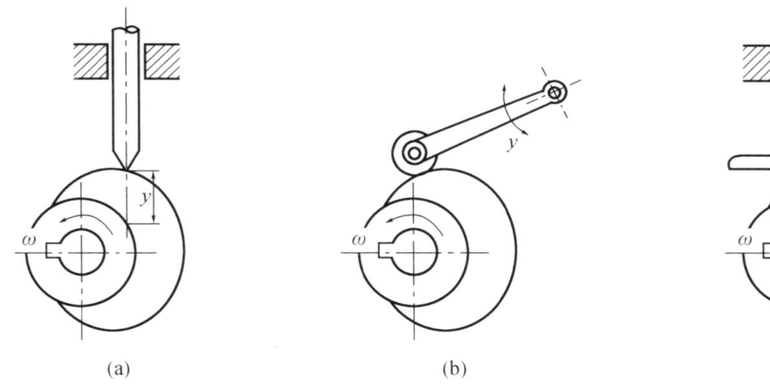

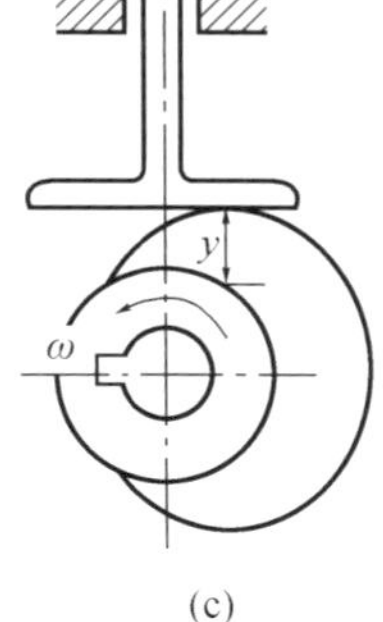

图 3－5　从动件的形状凸轮分类

三、凸轮与从动件的运动关系及基本概念

以对心移动尖顶从动杆盘形凸轮机构为例加以说明。

图 3－6（a）中凸轮在转角为零的位置，从动杆尖顶在 A 点与凸轮接触，此时从动杆尖顶与凸轮转动中心的距离最近；图 3－6（b）中凸轮在转角为 Φ 的位置，从动杆尖顶在 B 点与凸轮接触，此时从动杆尖顶与凸轮转动中心的距离最远；同理，当凸轮在转角为 $\Phi+\Phi_s$ 位置时，从动杆尖顶在 C 点与凸轮接触，从动杆尖顶与凸轮转动中心的距离也是最远；而当凸轮在转角为 $\Phi+\Phi_s+\Phi'$ 位置时，从动杆尖顶在 D 点与凸轮接触，从动杆尖顶与凸轮转动中心的距离又是最近。

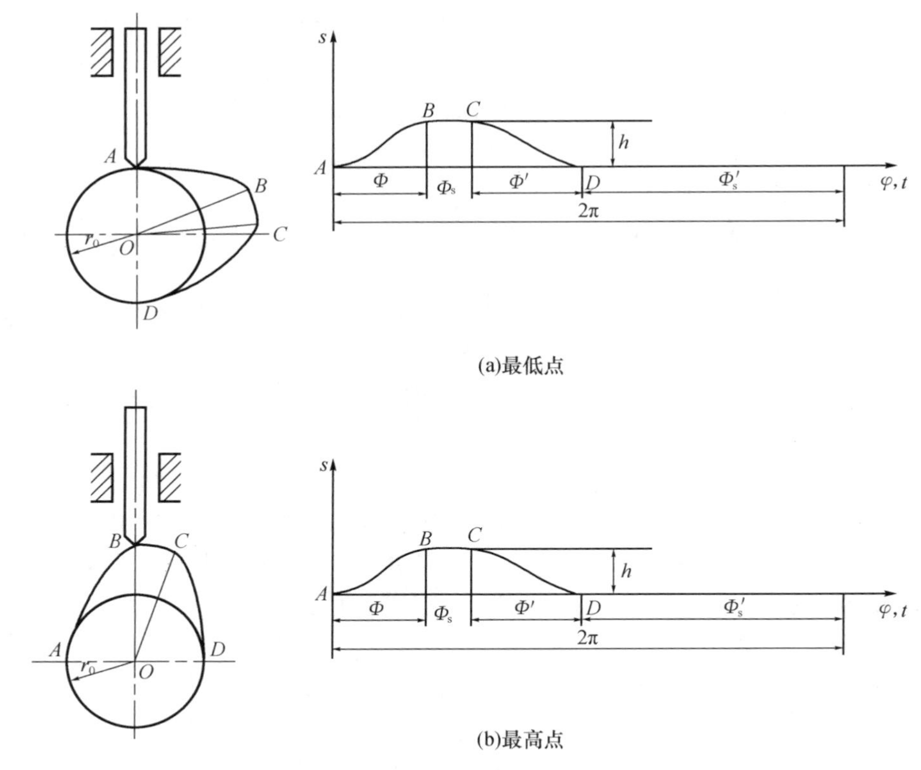

图 3－6　凸轮机构的运动过程

（1）基圆：以凸轮的转动中心 O 为圆心，以凸轮的最小向径 r_0 为半径所作的圆。r_0 称为凸轮的基圆半径。

（2）推程：当凸轮以等角速度 ω 逆时针转动时，从动杆在凸轮廓线的推动下，从最低位置被推到最高位置时运动的这一过程。而相应的凸轮转角 Φ 称为推程运动角。

（3）远休：凸轮继续转动，从动杆将处于最高位置而静止不动时的这一过程。与之相应的凸轮转角 Φ_s 称为远休止角。

（4）回程：凸轮继续转动，从动杆又由最高位置回到最低位置的这一过程。相应的凸轮转角 Φ' 称为回程运动角。

（5）近休：即当凸轮转过角 Φ_s' 时，从动杆与凸轮廓线上向径最小的一段圆弧接触，从动杆处在最低位置静止不动的这一过程。相应的凸轮转角 Φ_s' 称为近休止角。

（6）行程：从动杆在推程或回程中移动的距离 h。

（7）位移线图：描述从动杆位移 s 与凸轮转角 φ 之间关系的图形。

四、从动件的常用运动规律

所谓从动杆的运动规律是指从动杆在运动时，其位移 s、速度 v 和加速度 a 随时间 t 变化的规律。又因凸轮一般为等速运动，即其转角 φ 与时间 t 成正比，所以从动杆的运动规律常表示为从动杆的运动参数随凸轮转角 φ 变化的规律。

1. 等速运动规律

从动件在推程或回程中运动速度不变的运动规律，称为等速运动规律。等速运动规

律推程和回程的运动方程分别为式（3－1a）、（3－1b）：

$$\begin{cases} s=\dfrac{h}{\Phi}\varphi \\ v=\dfrac{h}{\Phi}\omega \\ a=0 \end{cases} \tag{3－1a}$$

$$\begin{cases} s=h\left(1-\dfrac{\varphi}{\Phi'}\right) \\ v=-\dfrac{\varphi}{\Phi'}\omega \\ a=0 \end{cases} \tag{3－1b}$$

图 3－7（a）所示为从动件在推程作等速运动时的运动线图。由图可知，位移曲线是一条斜率为常数（h/Φ）的斜直线，速度曲线是一条水平直线，加速度为 0。但从动件在运动开始和终止的瞬时，速度有突变，所以这时从动件的加速度在理论上由零突然变为无穷大，从而使从动件突然产生理论上为无穷大的惯性力。虽然实际上由于材料具有弹性，加速度和惯性力都不至于达到无穷大，但仍会使机构受到强烈的冲击，这种冲击称为刚性冲击，其运动规律只适合于低速场合使用。图 3－7（b）所示为从动件在回程作等速运动时的运动线图。

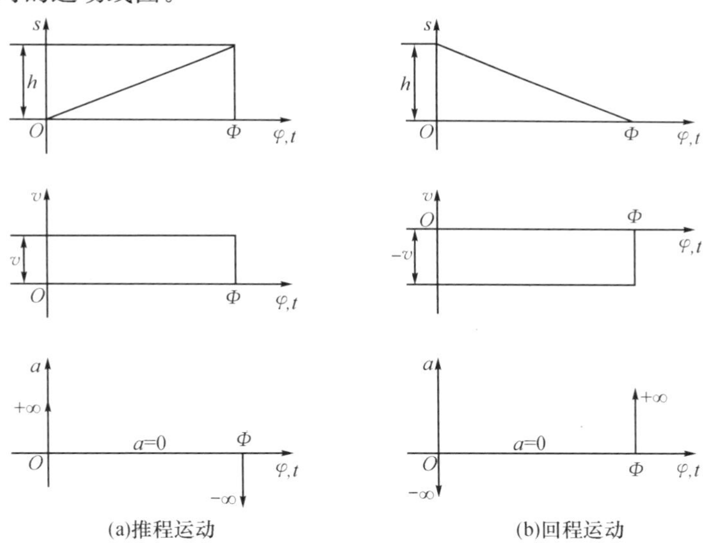

图 3－7　等速运动规律的运动线图

2. 等加速等减速运动规律

从动件在推程或回程的前半段做等加速运动，后半段做等减速运动。通常前半段和后半段完全对称，即两者的位移相等，加速运动和减速运动加速度的绝对值也相等。在等加速度等减速度运动规律这种情况下，等加速度和等减速段的运动方程分别为式（3－2a）、（3－2b）：

$$\begin{cases} s=\dfrac{2h}{\Phi^2}\varphi^2 \\ v=\dfrac{4h}{\Phi^2}\omega\varphi \\ a=\dfrac{4h\omega^2}{\Phi^2} \end{cases} \tag{3-2a}$$

$$\begin{cases} s=h-\dfrac{2h}{\Phi^2}(\Phi-\varphi)^2 \\ v=\dfrac{4h\omega}{\Phi^2}(\Phi-\varphi) \\ a=-\dfrac{4h\omega^2}{\Phi^2} \end{cases} \tag{3-2b}$$

等加速、等减速运动规律的运动线图如图 3-8 所示。

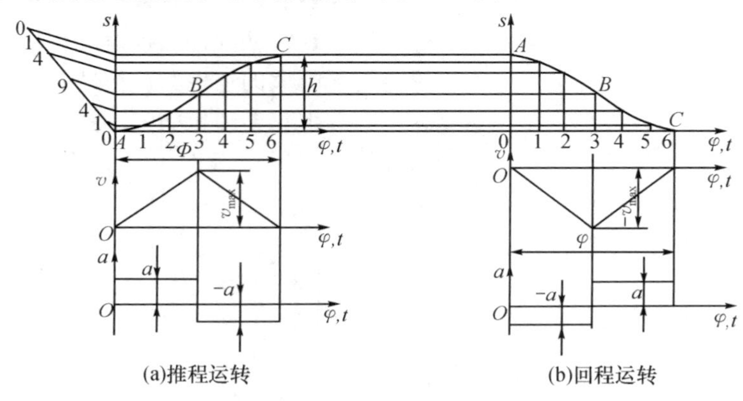

图 3-8 等加速等减速运动规律的运动线图

由图中我们可以看出，推杆在 A、B、C 三点，其加速度有突变，因而推杆产生的惯性力对凸轮将会产生冲击。由于这种运动规律中，加速度的突变是有限的，所造成的冲击也是有限的，故称作柔性冲击。由于柔性冲击的存在，具有这种运动规律的凸轮机构就不适宜作高速运动，而只适用于中低速、轻载的场合。

3. 简谐运动规律

简谐运动规律是当动点在一圆周上做匀速运动时，由该点在此圆的直径上的投影所构成的运动。从动件作简谐运动时，其推程的运动方程如下

$$s=\frac{h}{2}\left[1-\cos\left(\frac{\pi}{\Phi}\varphi\right)\right] \tag{3-3}$$

$$v=\frac{h\pi\omega}{2\Phi}\sin\left(\frac{\pi}{\Phi}\varphi\right) \tag{3-4}$$

$$a=\frac{h\pi^2\omega^2}{2\Phi^2}\cos\left(\frac{\pi}{\Phi}\varphi\right) \tag{3-5}$$

对于余弦加速度，从图 3-9 中可以看出：其速度曲线是一条正弦曲线，而位移曲线是简谐运动曲线，所以这种运动也称为简谐运动规律。当推杆做停、升、停型运动时，推杆在 O、A 两点位置加速度有突变，也有柔性冲击产生。但推杆做无停歇的升、

降、升型连续往复运动时，则无冲击出现，因此可用于高速传动。

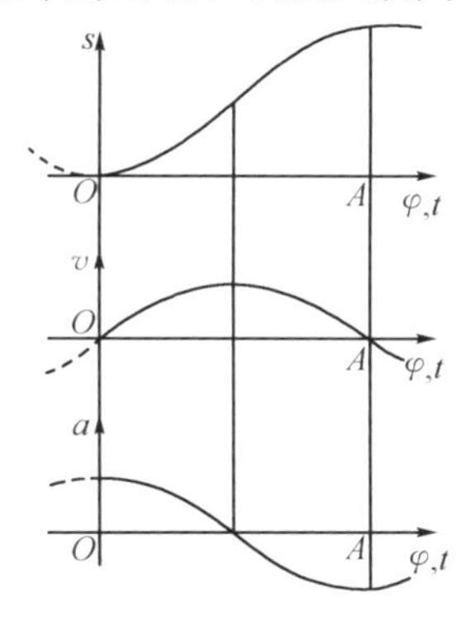

图3—9　余弦加速度运动规律的运动线图（推程）

【任务实施】

一、案例名称

绘制对心直动尖顶从动件盘形凸轮机构的位移线图。

二、实施步骤

（1）教师总结从动件运动规律的选择原则。

（2）教师引入从动件的运动规律。

（3）学生独立绘制位移线图。

三、从动件运动规律的选择原则

从动件运动规律的设计涉及许多方面的问题，除考虑刚性冲击和柔性冲击外，还应对各种运动规律所具有的最大速度 v_{max}、最大加速度 a_{max} 及其影响加以比较。表3—1给出了几种运动规律的最大速度 v_{max}、最大加速度 a_{max}、冲击特性及适用场合。可以看出：最大速度 v_{max} 越大，则从动件的最大动量（mv_{max}）越大。为了使机构停动灵活和运行安全，希望动量的值以小为好，特别是当从动件系统的质量较大时，应选用 v_{max} 较小的运动规律；最大加速度 a_{max} 与从动件系统的最大惯性力有关，而惯性力是影响机构动力学性能的主要因素，所以对于运转速度较高的凸轮机构，应选用加速度曲线既连续、a_{max} 的值又尽可能小的运动规律，特别是对于高速凸轮机构，这一点尤为重要。由表3—1所列数值可见：等速运动规律的 v_{max} 值最小，等加等减速运动规律的 a_{max} 值最小。根据常用运动规律的特征值，表中还列出了它们的推荐应用范围，供选择从动件运动规律时参考。

表3—1　从动件运动规律的适用范围

运动规律	v_{max}	a_{max}	冲击	适用场合
等速运动	1.00	∞	刚性	低速轻载
等加速等减速运动	2.00	4.00	柔性	中速轻载
余弦加速度	1.57	4.93	柔性	中速中载
正弦加速度	2.00	6.28	——	高速轻载

四、对心直动尖顶推杆盘形凸轮机构从动件的运动规律

如表 3－2 所示。

表 3－2　对心直动尖顶推杆盘形凸轮机构推杆的运动规律

序号	凸轮运动角（φ）	推杆的运动规律
1	0～120°	等速上升 h＝20 mm
2	120°～150°	推杆在最高位置不动
3	150°～210°	等速下降 h＝20 mm
4	210°～360°	推杆在最低位置不动

五、绘制位移线图

等速运动规律推程和回程的运动方程分别为式（3－1a）、（3－1b），将表 3－2 中已知条件代入相应方程，并求解当 φ 值为表 3－3 所示值时的位移 s 的值，填入表3－3中。

表 3－3　各分点时推杆的位移 $s-\varphi$ 图

升程：

φ	0	15	30	45	60	75	90	105	120
s									

降程：

φ	0	7.5	15	22.5	30	37.5	45	52.5	60
s									

最后，依据表 3－3 中 φ 与 s 的一一对应关系，绘制位移线图。

任务二　设计盘形凸轮的轮廓曲线

【任务描述】

确定了从动件的运动规律、凸轮的转向和基圆半径后，即可设计凸轮的轮廓。设计方法有图解法和解析法两种。图解法直观简便，在精度要求不高时常常使用，本次任务主要用图解法设计盘形凸轮的轮廓曲线。

【任务分析】

图解法设计凸轮机构，其中从动件的运动规律（或位移线图）是已知的，由于凸轮在运动中与从动件始终是保持接触的，若能确定凸轮相应转角时从动件所占据的一系列位置，并把这些位置拟成曲线，便可大概得出凸轮的轮廓曲线。为了确定从动件占据的位置，任务中引入反转法。

【知识与技能】

一、反转法原理

如图 3－10 所示为一对心直动尖顶推杆盘形凸轮机构。工作时，凸轮以角速度 ω 旋转，从动件则做往复运动。设计凸轮轮廓时希望凸轮保持静止，以便绘制其轮廓。设想给整个凸轮机构加上一个公共角速度 $-\omega$，使其绕凸轮轴心 O 转动。根据相对运动原理，我们知道凸轮与推杆间的相对运动关系并不发生改变，但此时凸轮将静止不动，而推杆则一方面和机架一起以角速度 $-\omega$ 绕凸轮轴心 O 转动，同时又在其导轨内按预期的运动规律运动。由图 3－10（c）可见，推杆在复合运动中，其尖顶的轨迹就是凸轮廓线。这就是用图解法设计凸轮轮廓的“反转法”原理。

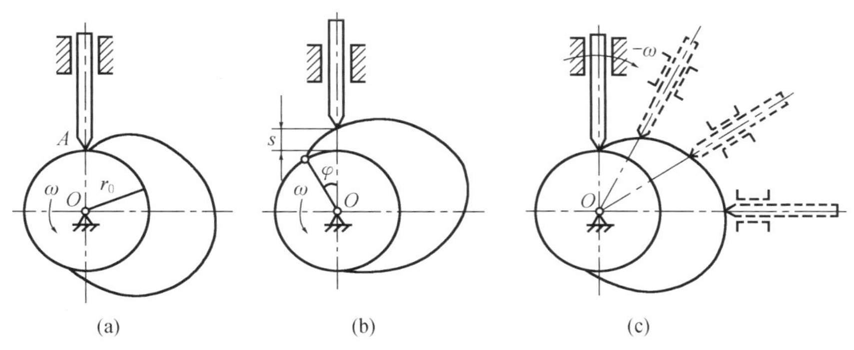

图 3－10　反转法绘制凸轮轮廓

二、直动从动件盘形凸轮轮廓设计

已知条件：从动件的运动规律，凸轮以等角速度 ω 按逆时针方向回转，其基圆半径为 r_0。

设计步骤如下：

（1）选取适当的比例尺 μ_l，根据从动件运动规律，作出从动件的位移线图。如图 3－11（b）所示。

（2）用与位移线图相同的比例尺 μ_l，以 r_0 为半径作基圆，作出从动件导路中心线的位置 OA，并取其交点 A 为从动件尖端的初始位置。

（3）定推杆在反转运动中所占据的每个位置。根据反转法原理，从 A 点开始，将运动角沿顺时针方向按 15°一个分点进行等分，则各等分径向线 $O1$，$O2$，…，$O8$ 即为推杆在反转运动中所依次占据的位置。

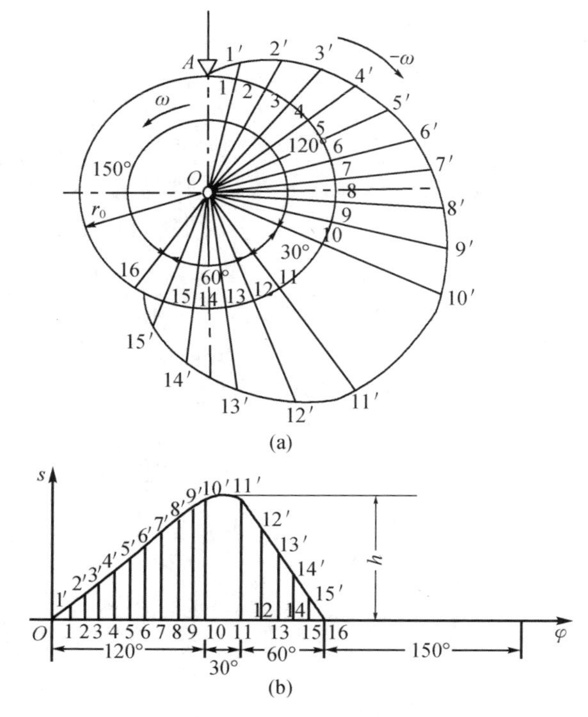

图 3－11 设计对心直动尖顶推杆盘形凸轮

(4) 确定出推杆在复合运动中其尖顶所占据的一系列位置。在各射线 $O1$，$O2$，$O3$，…上自基圆向外量取从动件各位置的对应位移量$\overline{11'}$，$\overline{22'}$，$\overline{33'}$，…。因为从动件的位移就是各接触点凸轮轮廓向径长减去基圆半径长，所以 1′，2′，3′，…各点就是从动件反转过程中其尖端的各位置。

(5) 将 1′，2′，3′，…各点用光滑曲线连接（其中 10′，11′和 16′，A 分别对应近停程和远停程，是以 O 为圆心的一段圆弧)，即得所求凸轮轮廓。

三、凸轮机构设计中的几个问题

1. 滚子半径的确定

(1) 凸轮轮廓曲线与滚子半径的关系。工作廓线的曲率半径等于理论廓线的曲率半径 ρ 与滚子半径 r_T 之差。此时若$\rho=r_T$，如图 3－12 (c) 所示，工作廓线的曲率半径为零，则工作廓线将出现尖点，这种现象称为变尖现象。若 $\rho<r_T$，如图 3－12 (d) 所示，工作廓线的曲率半径为负值，这时，工作廓线出现交叉，致使从动杆不能按预期的运动规律运动，这种现象称为失真现象。为避免工作轮廓线失真，应使滚子半径小于理论廓线的最小曲率半径 ρ_{min}。

(2) 滚子从动杆滚子半径的选择。滚子半径的选择，应根据凸轮轮廓曲线是否产生变尖或失真现象来恰当地确定。凸轮工作廓线的最小曲率半径一般不应小于 5 mm。如果不能满足此要求时，就应增大基圆半径或适当减小滚子半径，或必要时须修改从动杆的运动规律，或使凸轮工作廓线上出现尖点的地方代以合适的曲线。滚子的尺寸还受其强度、结构的限制，因而也不能做得太小，通常取滚子半径 $r_T=(0.1\sim0.5)\ r_0$。

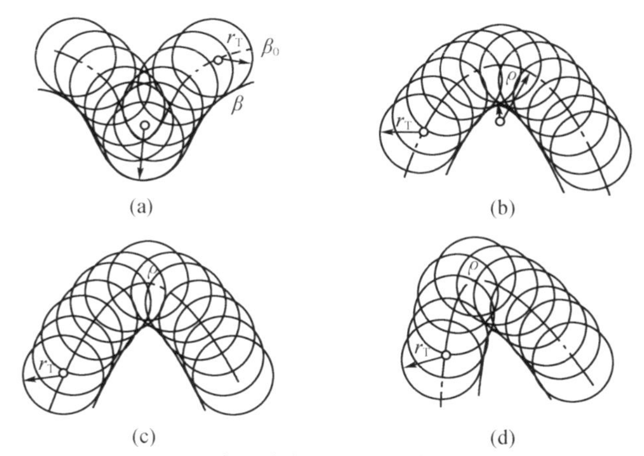

图 3－12　滚子半径对凸轮轮廓形状的影响

2. 压力角及其许用值

从动杆所受正压力的方向（沿凸轮廓线在接触点的法线方向）与从动杆上作用点的速度方向之间所夹之锐角，称为凸轮机构的压力角，用 α 表示。在凸轮机构中，压力角 α 是影响凸轮机构受力情况的一个重要参数。

如图 3－13 所示，将力 F 分解成两个分力：

$$F' = F\cos\alpha$$

$$F'' = F\sin\alpha$$

式中：F'——从动件运动的有效分力；F''——将从动件紧压在导路上产生摩擦阻力的有害分力。

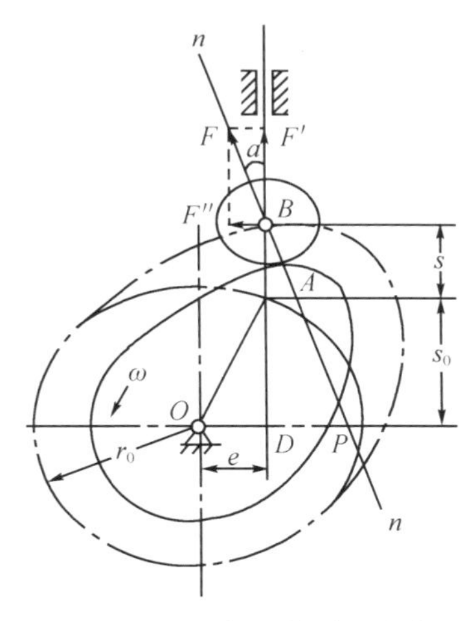

图 3－13　凸轮机构的压力角

当压力角增大到一定程度，无论用多大的力 F，都无法使从动件运动，即机构处于自锁状态。为改善机构的受力状态，保持较高的传动效率，使机构具有良好的工作性能，应使$[\alpha]\leqslant\alpha_{min}$。根据工程实践经验，推荐推程时许用压力角取以下数值：移动从动件，$[\alpha]=30°\sim38°$，当要求凸轮尺寸尽可能小时，可取$[\alpha]=45°$；摆动从动件，$[\alpha]=45°$。回程时，由于通常受力较小且一般无自锁问题，故许用压力角可取得大些，通常取[α]=70°～80°。

3. 凸轮基圆半径的确定

凸轮基圆半径的大小，不仅与凸轮机构的外廓尺寸的大小直接相关，而且直接影响机构传力性能的好坏，甚至关系到滚子从动件是否是“失真”。因此，在设计凸轮轮廓时，应首先选取凸轮的基圆半径。目前，常采用如下两种办法：

(1) 根据许用压力角确定 r_0。对于直动推杆盘形凸轮机构，如果限定推程的压力角 $\alpha \leqslant [\alpha]$，则可以导出基圆半径的计算公式

$$r_0 \geqslant \sqrt{\left(\frac{\frac{ds}{d\varphi} \pm e}{\tan[\alpha]} - s\right)^2 + e^2} \tag{3-6}$$

由上式可知，当从动件的运动规律确定后，凸轮基圆半径 r_0 越小，则机构的压力角越大。合理地选择偏距 e 的方向，可使压力角减小，改善传力性能。

(2) 根据凸轮的结构确定 r_0 在实际设计中，凸轮基圆半径 r_0。的确定不仅受到$\alpha \leqslant [\alpha]$的限制，而且还要考虑到凸轮的结构与强度要求。因此，常利用下面的经验公式选取 r_0：

$$r_0 \geqslant 1.8r_0 + (7 \sim 10)\ \mathrm{mm} \tag{3-7}$$

式中 r_0 为凸轮轴的半径，待凸轮廓线设计完毕后，还要检验 $\alpha \leqslant [\alpha]$。

【任务实施】

一、案例名称

设计对心直动尖顶从动件盘形凸轮机构的凸轮轮廓曲线。

二、实施步骤

(1) 教师总结图解法设计凸轮轮廓曲线的步骤。

(2) 教师引入从动件的位移线图。

(3) 学生独立绘制凸轮轮廓曲线

三、从动件的位移线图

如图 3-14 所示。

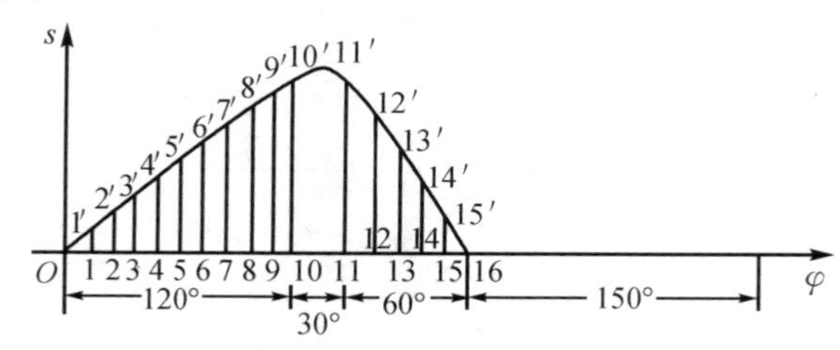

图 3-14 从动件的位移线图

升程与回程中的凸轮转角与位移的对应关系满足如表 3-4 所示。

表 3-4 各分点时推杆的位移 $s-\varphi$ 图

升程：

φ	0	15	30	45	60	75	90	105	120
s	0	2.5	5	7.5	10	12.5	15	17.5	20

回程：

φ	0	7.5	15	22.5	30	37.5	45	52.5	60
s	20	17.5	15	12.5	10	7.5	5	2.5	0

四、绘制凸轮轮廓曲线

任务三　认识间歇运动机构

【任务描述】

在机械中，特别是自动和半自动机械中，除了前述的平面连杆机构和凸轮机构外，还经常采用诸如棘轮机构、槽轮机构和不完全齿轮机构等间歇运动机构。间歇运动机构的特点是当主动件做连续运动时，从动件做周期性的运动和停顿。本任务主要认识这些常用机构的工作原理、类型、特点和应用场合。

【任务分析】

常用的间歇机构可以分为两类：一种是主动件往复摆动，从动件随之作间歇运动，如棘轮机构；另一种是主动件连续转动，从动件间歇运动，如槽轮机构、不完全齿轮机构等。这几种常用机构在机械设备中得到广泛的使用，特别是在轻工机械的自动和半自动机械中应用最广，也用于具有送进、制动、转位、分度、超越等工作要求的机械。

【知识与技能】

一、棘轮机构

棘轮机构主要由棘轮、棘爪和机架组成。常用的棘轮机构按其工作原理的不同可分为齿式棘轮机构和摩擦式棘轮机构两类。

1. 齿式棘轮机构

齿式棘轮机构按其运动形式可分为三类：

（1）单动式棘轮机构。图 3－15 所示为单动式棘轮机构，它由摇杆 1、棘爪 2、棘轮 3、止动爪 4、弹簧 5 和机架等组成。当摇杆逆时针摆动时，驱动棘爪 2 嵌入棘轮 3 的齿槽中，推动棘轮转过一定角度，而止动爪则在棘轮齿背上滑过。当摇杆顺时针摆动时，止动爪 4 阻止棘轮顺时针转动，同时棘爪 2 在棘轮齿背上滑过，此时棘轮静止。这样，当摇杆做连续的往复摆动时，棘轮只做单向间歇转动。

（2）双动式棘轮机构。如图 3－16 所示，这种机构在摇杆上安装了两个棘爪。当摇杆往复摆动时，两个棘爪交替工作，使棘轮向同一方向转动。双动式棘轮机构可提高棘轮运动次数，并缩短停歇时间，所以又称作快动棘轮机构。这种机构的棘爪可以制成如图 3－16（a）所示的直式的或如图 3－16（b）所示的钩头式的。

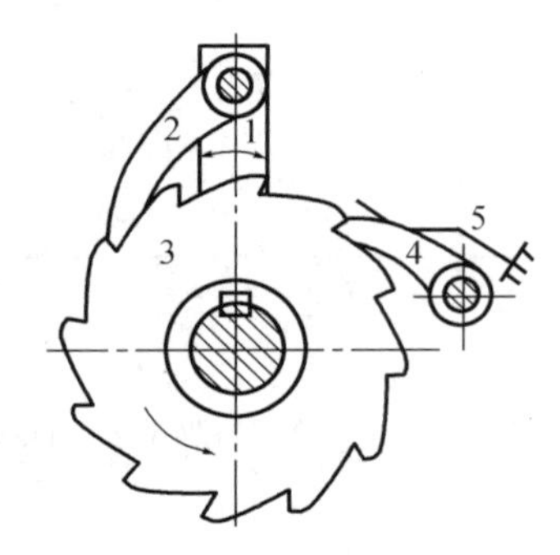

图 3－15　轮齿式外啮合棘轮机构

1－摇杆　2－棘爪　3－棘轮　4－止动爪　5－弹簧

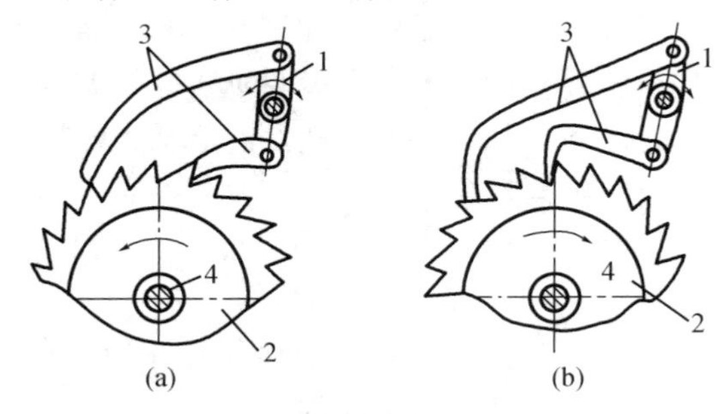

图 3－16　双动式棘轮机构

1－摇杆　2－棘轮　3－棘爪　4－传动轴

（3）可换向棘轮机构。如果工作需要，要求棘轮能做不同转向的间歇运动，则可把棘轮的齿做成矩形，而将棘爪做成如图 3－17 所示的可翻转的棘爪。当棘爪 1 处在图示 B 的位置时，棘轮 2 可得到逆时针方向的单向间歇运动；而当棘爪绕其销轴 A 翻转到虚线位置 B' 时，棘轮可以得到顺时针方向的单向间歇运动。

图 3－18 所示为另一种可换向棘轮机构。该机构的棘爪可以绕自身轴线转动，当棘爪按图示位置安放时，棘轮可以得到逆时针方向的单向间歇运动；而当棘爪提起，并绕自身轴线旋转 180°后再放下时，就可以使棘轮获得顺时针方向的单向间歇运动。

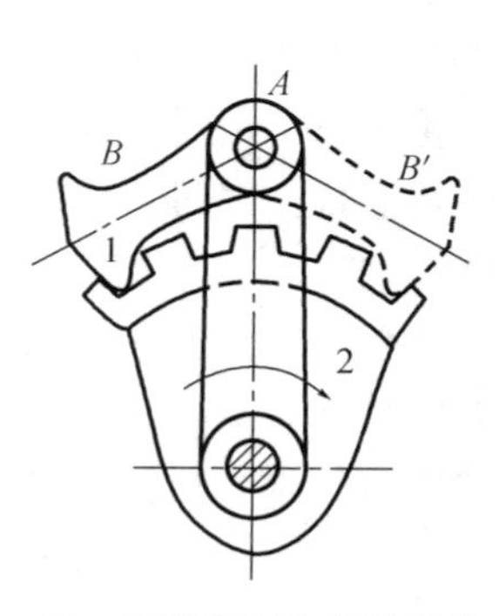

图 3－17　矩形齿双向棘轮机构

1－棘爪　2－棘轮

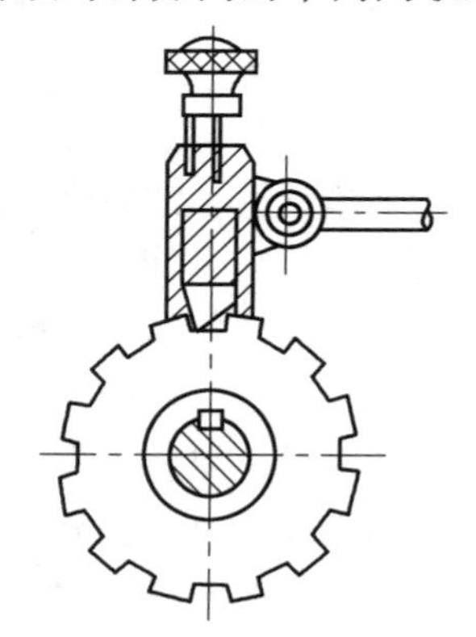

图 3－18　回转棘爪双向棘轮机构

2. 摩擦式棘轮机构

图 3－19 所示为摩擦式棘轮机构。这种棘轮机构是通过棘爪 1 与棘轮 2 之间的摩擦而使棘轮实现间歇运动的。摩擦式棘轮机构可无级变更棘轮转角，且噪声小，但与棘轮之间容易产生滑动。为增大摩擦力，可将棘轮做成槽轮形。

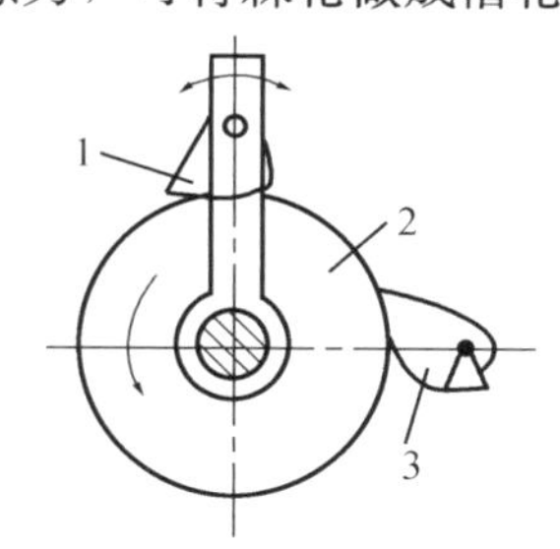

图 3－19　摩擦式棘轮机构

1－棘爪　2－棘轮　3－止回棘爪

3. 棘轮转角的调节

对于齿式棘轮机构，棘轮是靠摇杆上的棘爪推动其棘齿而运动的，所以棘轮每次转动角都是棘轮齿距角的倍数。在摇杆一定的情况下，棘轮每次的转动角是不能改变的。若工作时需要改变棘轮转动角，可采用下述两种方法。

（1）改变摇杆摆角。如图 3－20 所示，通过调节螺钉改变曲柄长度，以实现改变摇杆和棘爪的转角，从而使棘轮转角发生变化。摇杆摆角随曲柄长度的增加而增大，反之而减小；棘轮的转角随之增大或减小。

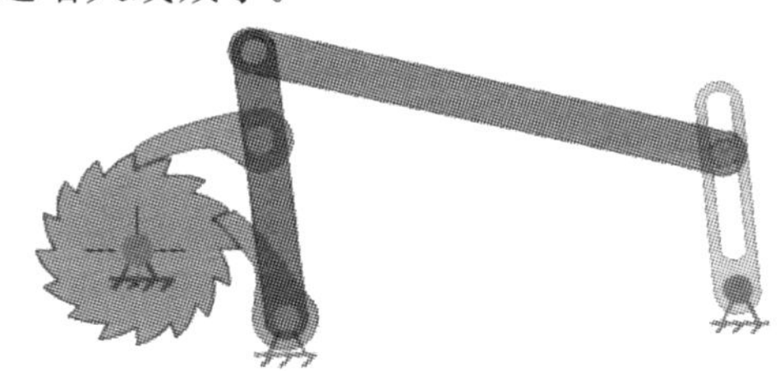

图 3－20　改变曲柄长度调节棘轮转角

（2）利用遮板。如图 3－21 所示，在棘轮上加一个遮板，用以遮盖摇杆摆角范围内棘轮上的一部分齿。这样，当摇杆逆时针方向摆动时，棘爪先在遮板上滑动，然后才插入棘轮的齿槽推动棘轮转动。被遮住的齿越多，棘轮每次转动的角度就越小。

图 3－21　用遮板调节棘轮机构

4. 棘轮机构的特点和应用

齿式棘轮机构结构简单、运动可靠、棘轮转角易于有级调节。但是这种机构在回程时，棘爪在棘轮齿背上滑过产生噪声；在运动开始和终了时，由于速度突变而产生冲击，运动平稳性差，且棘轮轮齿容易磨损，故常用于低速轻载等场合。摩擦式棘轮传递运动较平稳、无噪声，棘轮角可以实现无级调节，但运动准确性差，不易用于运动精度高的场合。

棘轮机构常用在各种机床、自动机、自行车等各种机械中。棘轮机构还被广泛用作防止机械逆转的制动器，这类棘轮制动器常用在卷扬机、提升机、运输机和牵引设备中。

二、槽轮机构

1. 槽轮机构的工作原理和类型

图 3－22 所示为一外槽轮机构。它由带有圆销的主动拨盘 1、具有径向槽的从动槽轮 2 和机架所组成。

当拨盘 1 以等角速度连续转动，拨盘上的圆销 A 没进入槽轮的径向槽时，槽轮上的内凹锁止弧$\overset{\frown}{nn}$被拨盘上的外凸弧$\overset{\frown}{mm}$卡住，槽轮静止不动。当拨盘上的圆销刚开始进入槽轮径向槽时，锁止弧$\overset{\frown}{nn}$也刚好被松开，槽轮在圆销 A 的推动下开始转动。当圆销在另一边离开槽轮的径向槽时，锁止弧$\overset{\frown}{nn}$又被卡住，槽轮又静止不动，直至圆销 A 再一次进入槽轮的另一径向槽时，槽轮重复上面的过程。这样，拨盘连续回转，而槽轮作周期性单向间歇转动。

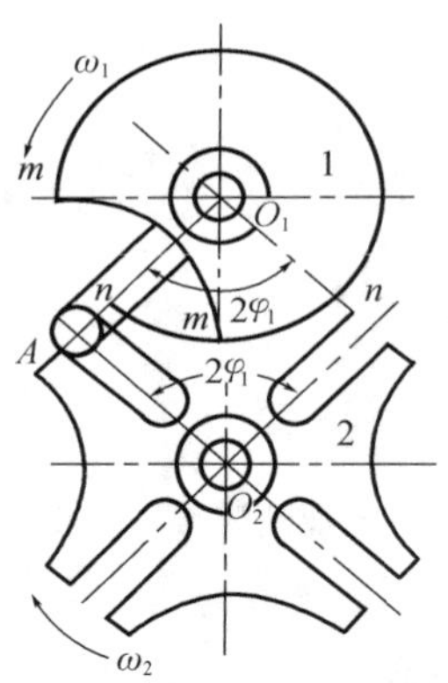

图 3－22　外槽轮机构

1－拨盘　2－槽轮

槽轮机构分为外槽轮机构和内槽轮机构两种类型。外槽轮机构的拨盘和槽轮转向相反，而内槽轮机构两者转向相同。

2. 圆销数和径向槽数确定

通过分析槽轮机构的运动系数可确定拨盘上的圆销数和槽轮上的径向槽数。

如图 3－22 所示，该槽轮机构的槽轮上均匀分布的径向槽数目为 z，则槽轮转动 $2\varphi_2$ 时，拨盘的转角为

$$2\varphi_1=\pi-2\varphi_2=\pi-\frac{2\pi}{z} \tag{3-8}$$

在槽轮机构的一个运动循环中，槽轮运动时间 t_2 与拨盘运动时间 t_1 之比称为运动系数，用 τ 表示。由于拨盘通常做等速转动，故运动系数 τ 也可以用拨盘转角表示。时间 t_2 和 t_1 分别对应为拨盘转过的角度 $2\varphi_1$ 和 2π 所用的时间。为避免刚性冲击，在圆销进入或脱出槽轮径向槽时，圆销的速度方向应与槽轮槽的中心线重合，即径向槽的中心线应切于圆销中心的运动圆周。因此槽轮机构的运动系数 τ 为

$$\tau=\frac{t_2}{t_1}=\frac{2\varphi_1}{2\pi}=\frac{\pi-\frac{2\pi}{z}}{2\pi}=\frac{z-2}{2z} \tag{3-9}$$

由于运动系数 τ 必须大于零，故由上式可知径向槽数最少等于 3，而 τ 总小于 0.5，即槽轮的转动时间总小于停歇时间。

如果要求槽轮转动时间大于停歇时间，即要求 $\tau>0.5$，则可以在拨盘上装数个圆销。设 K 为均匀分布在拨盘上的圆销数目，则运动系数 τ 应为

$$\tau=\frac{t_2}{t_1/K}=\frac{K(z-2)}{2z} \tag{3-10}$$

由于运动系数 τ 应小于 1，即 $K(z-2)/2z<1$，所以有

$$K<\frac{2z}{z-2} \tag{3-11}$$

采用多圆销槽轮机构，可增加槽轮在每个工作循环内转动的次数。若拨盘上均布了 K 个圆销，则拨盘每转动一周，槽轮转动 K 次。由于 z 和 K 均为整数，代入式（3－11），可以得出 z 与 K 的选取关系：$z=3$ 时，K 可以取 1～5；$z=4$ 或 5 时，K 可以取 1～3；$z\geqslant6$ 时，K 可取 1 或 2。

增加径向槽数 z 可以增加机构运动的平稳性，但是机构尺寸随之增大，导致惯性力增大，所以一般取 $z=4\sim8$。

对内槽轮机构进行同样的运动分析后可知，内槽轮机构只可有一个圆销。

槽轮机构中拨盘上的圆销数、槽轮上的径向槽数以及径向槽的几何尺寸等均视运动要求的不同而定。每一个圆销在对应的径向槽中相当于曲柄摆动导杆机构。

3. 槽轮机构的特点和应用

槽轮机构具有结构紧凑、制造简单、传动效率高，并能较平稳地进行间歇转位的优点，故在工程上得到了广泛应用。

内啮合槽轮机构的工作原理与外啮合槽轮机构一样。相比之下，内啮合槽轮机构比外槽轮机构运行平稳、结构紧凑。但是槽轮机构的转角不能调节，且运动过程中加速度变化比较大，所以一般只用于转速不高的定角度分度机构中。

三、不完全齿轮机构

1. 不完全齿轮机构的工作原理

不完全齿轮机构是由普通渐开线齿轮机构演变而成的间歇运动机构。它与普通渐开线齿轮机构的主要区别在于该机构中的主动轮仅有一个或几个齿，如图 3－23 所示。

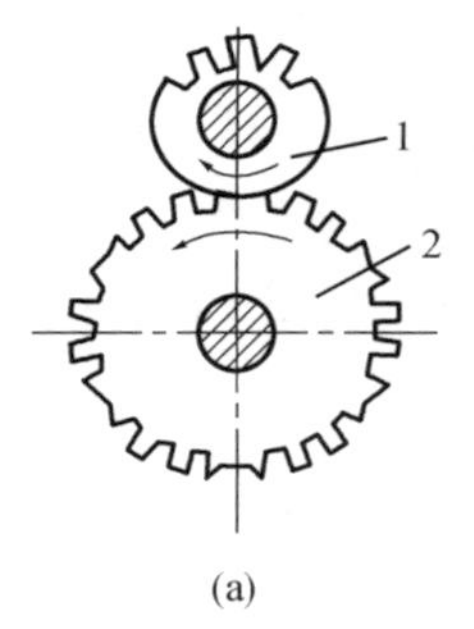

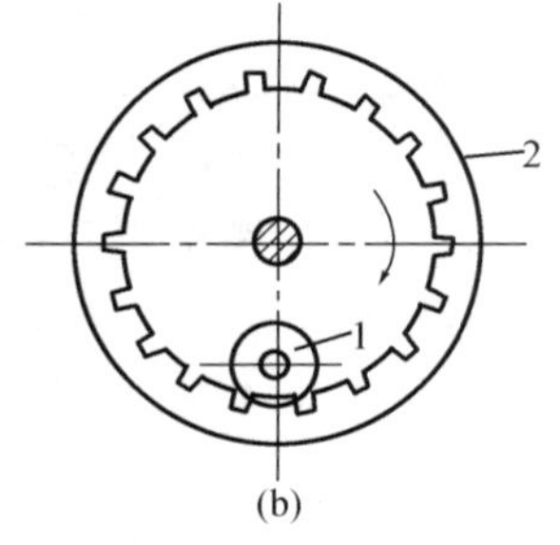

图 3-23 不完全齿轮机构
1-主动轮 2-从动轮

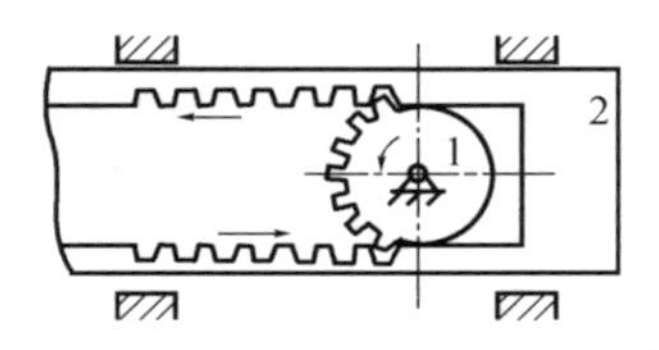

图 3-24 不完全齿轮齿条机构
1-主动轮 2-从动齿条

当主动轮 1 的有齿部分与从动轮轮齿啮合时，推动从动轮 2 转动；当主动轮 1 的有齿部分与从动轮脱离啮合时，从动轮停歇不动。因此，当主动轮连续转动时，从动轮获得时动时停的间歇运动。

图 3-23（a）所示为外啮合不完全齿轮机构，其主动轮 1 转动一周时，从动轮 2 转动六分之一周，从动轮每转一周停歇 6 次。当从动轮停歇时，主动轮上的锁止弧与从动轮上的锁止弧互相配合锁住，以保证从动轮停歇在预定位置。图 3-23（b）为内啮合不完全齿轮机构。

图 3-24 所示为不完全齿轮齿条机构，当主动轮连续转动时，从动轮做时动时停的往复移动。

2. 不完全齿轮机构的特点和应用

与普通渐开线齿轮机构一样，当主动轮匀速转动时，其从动轮在运动期间也保持匀速转动，但在从动轮运动开始和结束时，即进入啮合和脱离啮合的瞬时，速度是变化的，故存在冲击。

不完全齿轮机构结构简单，工作可靠，设计灵活，制造方便。从动轮的运动时间和停歇时间的比例不受机构结构的限制。但由于从动轮在转动及终止时速度有突变，冲击较大，一般只用于低速、轻载的场合，如用于计数器、电影放映机以及自动机、半自动机中的工作台间歇转动的转位机构等。

【任务实施】

一、案例名称

认识间歇运动机构。

二、实施步骤

（1）教师总结棘轮机构、槽轮机构和不完全齿轮机构的特点和应用。

（2）教师引入间歇运动机构的应用案例。

（3）学生描述间歇运动机构在几个案例中的具体应用。

三、间歇运动机构的应用案例

（1）提升机的安全制动机构，如图 3-25 所示。

（2）冰激凌灌装生产线，如图 3-26 所示。

图 3－25　提升机的安全制动机构

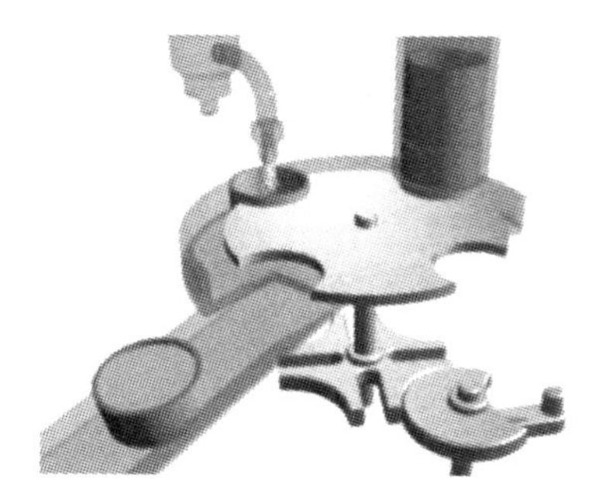

图 3－26　冰淇淋灌装生产线

【自测题】

一、填空题

1. 凸轮机构按凸轮的形状进行分类有________、________和________三种。

2. 凸轮机构按从动件与凸轮接触处的结构形式进行分类，有________、________和________三种。

3. 凸轮机构使凸轮轮廓与从动件保持接触的方式有________和________。

4. 凸轮机构从动件常用的运动规律有______________，其中________会引起刚性冲击，________会引起柔性冲击。

5. 对于尖顶从动件盘形凸轮机构，其实际轮廓线________理论轮廓线；对于滚子从动件盘形凸轮机构，其实际轮廓线与理论轮廓线为一对________曲线。

6. 在设计凸轮机构中，凸轮基圆半径取得越________，所设计的机构越紧凑，但压力角________，使机构的工作情况变坏。

7. 棘轮机构由于棘爪与棘轮的骤然接触，会产生________，故多用于________传动。

8. 槽轮机构可以将拨盘的________转动变成槽轮的________转动。

二、简答题

1. 凸轮机构常用的四种从动件运动规律中，哪种运动规律有刚性冲击？哪种运动规律有柔性冲击？哪种运动规律没有冲击？如何来选择从动件的运动规律？

2. 内啮合槽轮机构能不能采用多圆柱销拨盘？

三、综合题

1. 图 3－27 所示为尖顶直动从动件盘形凸轮机构的运动线图，但图给出的运动线图尚不完全，试在图上补全各段的曲线，并指出哪些位置有刚性冲击，哪些位置有柔性冲击。

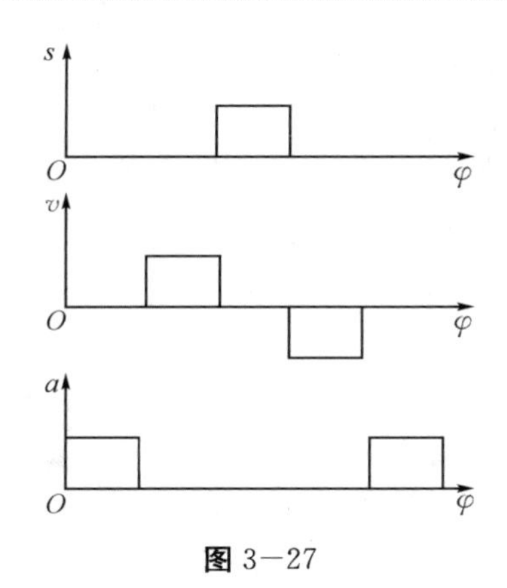

图 3—27

2. 试用作图法设计一个对心直动从动件盘形凸轮。已知理论轮廓基圆半径 $r_0=50$ mm，滚子半径 $r_T=15$ mm，凸轮顺时针匀速转动。当凸轮转过 120°时，从动件以等速运动规律上升 30 mm；再转过 150°时，从动件以余弦加速度运动规律回到原位；凸轮转过其余 90°时，从动件静止不动。

3. 某牛头刨床采用棘轮机构带动丝杠转动，实现工作台的横向进给。若已知棘轮齿数为 $z=40$，丝杠的导程为 $l=5$ mm，此牛头刨床工作台的横向进给工作量是多少？若要求此牛头刨床工作台的横向进给量为 0.25 mm，则棘轮每次的转角应为多少度？

项目四　联接零件

【学习目标】

1. 培养目标

能根据应用场合和工作条件选择合适的联接零件，能通过设计计算确定联接零件的尺寸，能熟练查阅相关标准及规范资料。

2. 知识目标

熟悉螺纹、键和销类联接零件的类型及其适用场合，掌握螺纹、键、销类零件设计计算的方法与步骤，掌握查阅相关标准与规范的方法与步骤。

任务一　螺纹联接零件的设计

【任务描述】

螺纹联接是利用具有螺纹的零件，将两个或两个以上零件刚性联接起来构成的一种可拆联接。螺纹联接结构简单，联接可靠，常用的类型主要有螺栓联接、双头螺柱联接、螺钉联接和紧定螺钉联接。

本任务将完成联接零件的设计，包括确定螺纹联接零件的类型，计算螺纹直径和个数等。

【任务分析】

螺纹联接的四种常用类型都有其应用特点。螺栓适合于被联接零件较薄，易加工通孔的场合；双头螺柱与螺钉适合于被联接零件之一较厚，不易加工通孔的场合；紧定螺钉常用来定位轴上零件。

设计时应根据应用场合和使用条件选择合适的螺纹联接零件，再计算螺纹联接零件的直径和个数等。计算螺纹联接零件的尺寸前，首先分析螺纹联接零件的受载情况，确定螺纹联接零件的失效形式，选择设计准则，根据设计准则提供的设计计算公式来计算或校核螺纹联接零件的尺寸。

【知识与技能】

一、螺纹的基本知识

1. 螺纹的形成

沿着圆柱或圆锥表面运动并且轴向位移和相应的角位移成定比的点的轨迹称为螺旋线，沿着螺旋线所形成的具有规定牙型的连续凸起称为螺纹。

2. 螺纹的类型

(1) 根据螺纹体母线的形状来分。在圆柱体上形成的螺纹称为圆柱螺纹，在圆锥体上形成的螺纹称为圆锥螺纹。

(2) 根据螺纹分布在内表面还是外表面来分。在圆柱或圆锥的外表面上所形成的螺纹称为外螺纹，在圆柱或圆锥的内表面上所形成的螺纹称为内螺纹。内螺纹与外螺纹旋合组成螺纹副或称螺旋副。

(3) 根据牙型来分。螺纹分为三角形、梯形、锯齿形和矩形螺纹。三角形螺纹主要用于联接，其余则多用于传动。

(4) 根据螺旋线的旋向来分。螺纹竖放时，螺旋线向右上升的为右旋螺纹，向左上升的为左旋螺纹。常用右旋螺纹。有特殊要求时，才采用左旋螺纹。

(5) 根据螺旋线的数目来分。沿一条螺旋线形成的螺纹为单线螺纹，其自锁性好，常用于联接；沿两条或两条以上轴向等距螺旋线形成的为多线螺纹，其效率高，常用于传动。为了制造方便，螺纹一般不超过四线。

3. 螺纹的主要参数

以图 4-1 所示的普通螺纹为例介绍螺纹的主要参数。

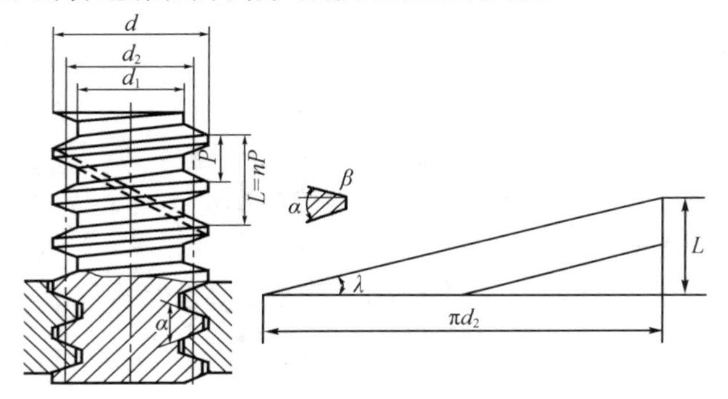

图 4-1　螺纹的主要参数

(1) 大径 d、D 分别表示外、内螺纹的最大直径，在螺纹标准中定为公称直径。

(2) 小径 d_1、D_1 分别表示外、内螺纹的最小直径，在强度计算中常作为危险截面的计算直径。

(3) 中径 d_2、D_2 分别表示外、内螺纹牙型上牙厚与牙槽宽度相等处的假想圆柱体的直径，是确定螺纹几何参数与配合性质的直径。

(4) 螺距 P。螺纹上相邻两牙在中径线上对应两点间的轴向距离。

(5) 线数 n。螺纹的螺旋线数目。

(6) 导程 S。同一条螺旋线上相邻两牙在中径线上对应两点之间的轴向距离。导程 S、螺距 P 和线数 n 的关系为

$$S=nP \tag{4-1}$$

(7) 升角 λ。在中径圆柱或圆锥上螺旋线的切线与垂直于螺旋轴线的平面间的夹角。由图 4-1 可得

$$\tan\lambda=\frac{S}{\pi d_2}=\frac{nP}{\pi d_2} \tag{4-2}$$

（8）牙型角 α、牙型斜角 β。在螺纹牙型上，两相邻牙侧间的夹角称为牙型角 α。在螺纹牙型上，牙侧与螺纹轴线的垂线间的夹角称为牙型斜角 β。对称螺纹的牙型角 $\beta=\alpha/2$。

二、螺纹联接的主要类型及应用

螺纹联接类型有很多，常用的有螺栓联接、双头螺柱联接、螺钉联接等。其构造、主要尺寸关系、特点和应用如表 4－1 所示。

表 4－1　螺纹联接的主要类型

类型	图例		特点和应用
螺栓联接	普通螺栓联接	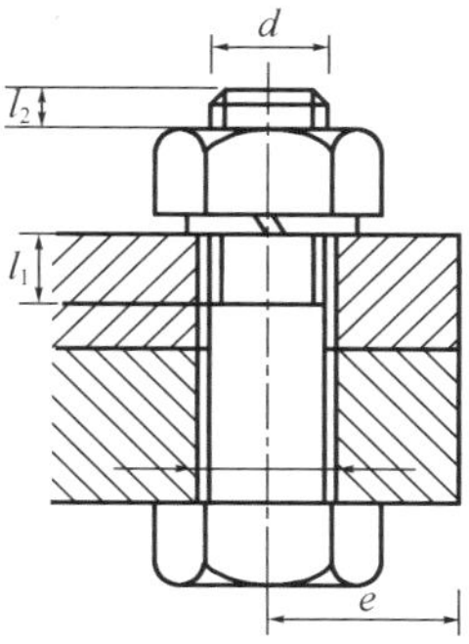	在被联接件上开有通孔，插入螺栓后在螺栓的另一端上拧上螺母。这种联接的结构特点是被联接件上的通孔和螺栓杆间留有间隙，通孔的加工精度要求低，结构简单，装拆方便，使用时不受被联接件材料的限制，应用广泛。
	铰制孔用螺栓联接	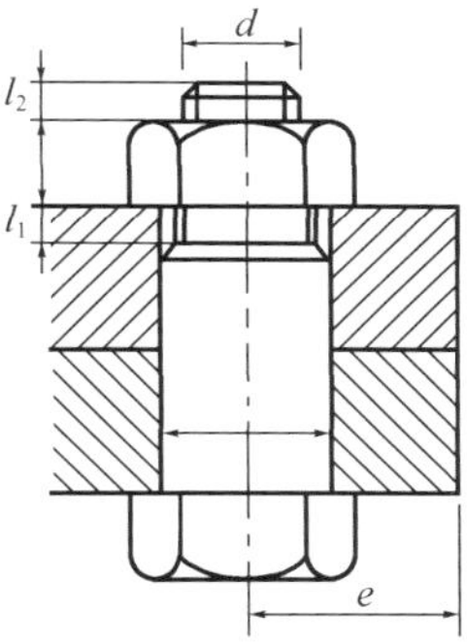	孔和螺栓杆多采用基孔制过渡配合（$H7/m6$、$H7/n6$）。这种联接能精确固定被联接件的相对位置，并能承受横向载荷，但孔的加工精度要求较高。
双头螺柱联接	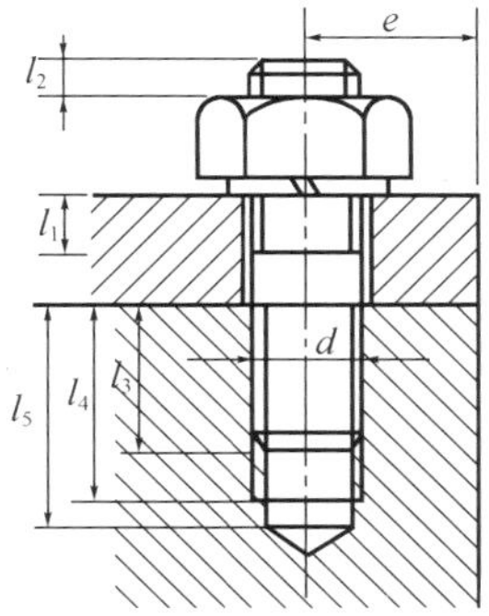		座端旋入并紧定在被联接件之一的螺纹孔中，另一端穿过另一被联接件的通孔，拧上螺母。这种联接适用于结构上不能采用螺栓联接的场合，如被联接件之一太厚不宜制成通孔，材料又较软，且需经常装拆时。

续表 4—1

类型	图例	特点和应用
螺钉联接		穿过被联接件的通孔，直接拧入另一被联接件的螺纹孔中，不用螺母。结构简单、紧凑。用途与双头螺柱联接相似，如受力不大或不经常装拆的场合。
紧定螺钉联接		拧入一被联接件的螺纹孔中，末端顶住另一被联接件的表面或顶入相应的凹坑中，从而固定被联接件的相对位置，并传递较小的力或转矩。

三、螺纹联接零件的安装要求

1. 安装时的预紧

装配时，螺纹联接一般都是要拧紧的（称为预紧）。预紧可以增加联接的可靠性、紧密性，有效防止螺纹松动。由于预紧的存在，使得螺栓和被联接件在承受工作载荷之前就受到力的作用，此力称为预紧力 F_0。施加的预紧力要适当：过小，联接不可靠；过大，有可能拧断螺栓。

预紧力 F_0 值是由螺纹联接的要求来决定的，为了充分发挥螺栓的工作能力和保证预紧可靠，螺栓的预紧应力一般可达材料屈服极限的 50%～70%。小直径的螺栓装配时应施加小的拧紧力矩，否则就容易将螺栓杆拉断。对于重要的有强度要求的螺纹联接，如无控制拧紧力矩的方法，不宜采用小于 M12～M16 的螺栓。通常螺纹联接拧紧的程度是凭工人经验来决定的。

为了能保证装配质量，重要的螺纹联接应按计算值控制拧紧力矩。一般控制拧紧力矩的方法有：使用测力矩扳手（如图 4-2 所示）或定力矩扳手。较精确的方法是测量拧紧时螺栓的伸长变形量。

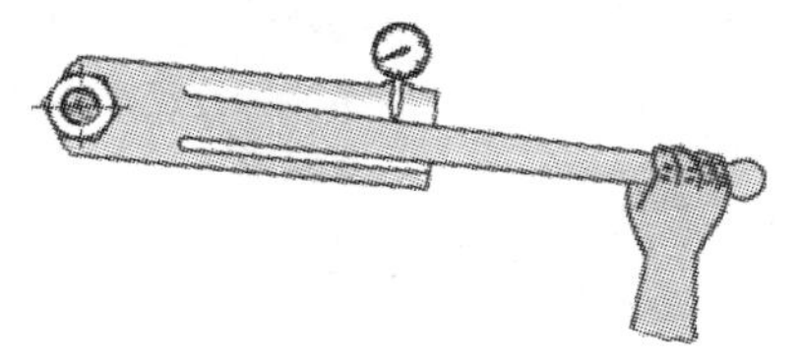

图 4—2　测力矩扳手测量拧紧力矩

2. 装配时的防松措施

预紧过的螺纹联接一般都具有自锁性，在静载荷和工作温度变化不大时一般不会自

动松脱。但在冲击、振动或变载荷作用下，预紧力可能在某一瞬间消失，联接仍有可能松脱；当温度变化很大时，由于温度变形等原因，也有可能发生松脱现象。因此设计时必须考虑有效的防松措施。

螺纹联接防松的关键在于防止螺纹副的相对转动。按工作原理的不同，防松方法分为摩擦防松、机械防松等。此外还有一些特殊的防松方法，例如铆冲防松、在旋合螺纹间涂胶防松等。常用的防松方法如见表4－2所示。

表4－2　螺纹联接常用的防松方法

防松方法		结构类型	特点和应用
摩擦防松	对顶螺母	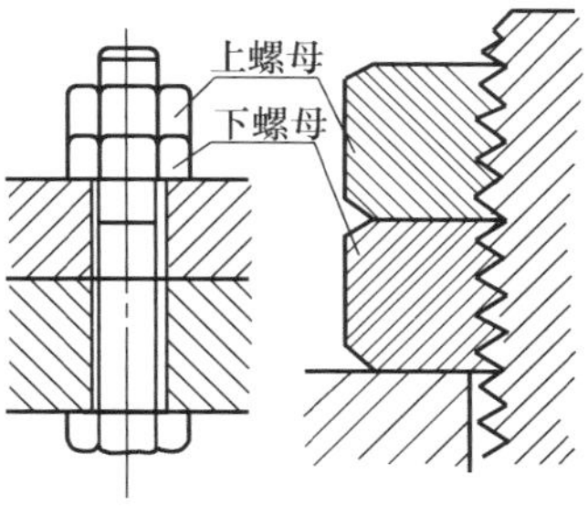 上螺母 下螺母	两螺母对顶拧紧后，使旋合螺纹间始终受到附加的压力和摩擦力的作用。工作载荷有变动时，该摩擦力仍然存在。 结构简单，适用于平稳、低速和重载的固定装置上的联接。
	弹簧垫圈	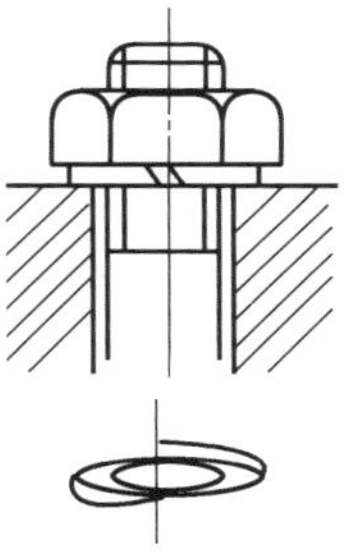	螺母拧紧后，靠垫圈压平而产生的弹性反力使旋合螺纹间压紧。同时垫圈斜口的尖端抵住螺母与被联接件的支承面也有防松作用。 结构简单，使用方便。但由于垫圈的弹力不均，在冲击、振动的工作条件下，其防松效果较差，一般用于不太重要的联接。
	自锁螺母	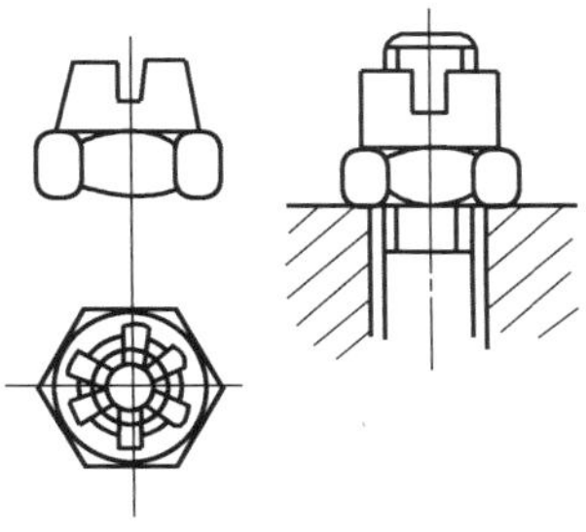	螺母一端制成非圆形收口或开缝后径向收口。当螺母拧紧后，收口胀开，利用收口的弹力使旋合螺纹间压紧。 结构简单，防松可靠，可多次装拆而不降低防松性能。

续表 4—2

防松方法		结构类型	特点和应用
机械防松	六角开槽螺母		六角开槽螺母拧紧后将开口销穿入螺栓尾部小孔和螺母槽内，并将开口销尾部掰开与螺母侧面贴紧。也可用普通螺母代替六角开槽螺母，但需拧紧螺母后再配钻销孔。 适用于较大冲击、振动的高速机械中运动部件的联接。
	止动垫圈		螺母拧紧后，将单耳或双耳止动垫圈分别向螺母和被联接件的侧面折弯贴紧，即可将螺母锁住。若两个螺栓需要双联锁紧时，可采用双联止动垫圈，使两个螺母相互制动。 结构简单，使用方便，防松可靠。
	串联钢丝	(a)正确 (b)不正确	用低碳钢丝穿入各螺钉头部的孔内，将各螺钉串联起来，使其相互制动。使用时必须注意钢丝的穿入方向。 适用于螺钉组联接，防松可靠，但装拆不便。

四、螺纹联接的失效形式及设计计算

螺纹联接中以螺栓联接最具有代表性。这里主要讨论螺栓联接的计算，所讨论内容也基本适用于双头螺柱和螺钉联接。

普通螺栓的主要失效形式是螺栓杆或螺纹部分的塑性变形和断裂，铰制孔用螺栓的失效形式是螺栓杆被剪断、螺栓杆或孔壁被压溃，经常拆卸时会因磨损产生滑扣。

螺栓联接按其装配时是否需要预紧，分为松螺栓联接和紧螺栓联接。

1. 松螺栓联接

松螺栓联接装配时不拧紧，在承受外载荷前，螺栓不受力。如图 4－3 所示的起重吊钩尾部的松螺栓联接，吊钩承受外载荷，使螺栓受拉，设计时应防止螺栓过载而断裂，可按抗拉强度条件确定螺栓的直径。

当承受轴向工作载荷 F（N）时，其强度条件为

$$\sigma=\frac{F}{A}=\frac{F}{\pi d_1^2/4}\leqslant[\sigma] \quad (4-3)$$

由式（4－3）可得设计公式为

$$d_1 \geqslant \sqrt{\frac{4F}{\pi [\sigma]}} \tag{4-4}$$

式中：

d_1——螺栓危险截面的直径（即螺纹小径），单位为 mm；

$[\sigma]$ ——松联接螺栓的许用拉应力，单位为 MPa，查表 4－3、4－4 计算得到。

计算得出 d_1 值后再从机械设计手册中查得螺纹的公称直径 d。

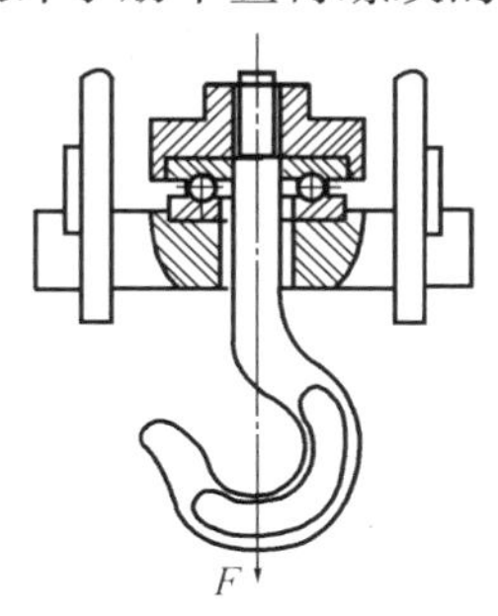

图 4－3　起重吊钩的松螺栓联接

表 4－3　螺纹联接件常用材料及其机械性能　　　**单位：**MPa

钢号	抗拉强度 σ_b	屈服点 σ_s
10	335～400	205
Q235	375～460	235
35	530	315
45	600	355
40Cr	980	785

表 4－4　螺栓联接件的许用应力

<table>
<tr><th colspan="2">连接类型及载荷性质</th><th>许用应力</th></tr>
<tr><td rowspan="2">受拉螺栓连接</td><td>松螺栓联接</td><td>$[\sigma]=\frac{\sigma_s}{1.2\sim1.7}$</td></tr>
<tr><td>紧螺栓联接</td><td>$[\sigma]=\frac{\sigma_s}{n}$
控制预紧力时：$n=1.2\sim1.5$
不控制预紧力时：n 值查表 4－5</td></tr>
<tr><td rowspan="2">受剪切螺栓连接</td><td>静载荷</td><td>$[\tau]=\frac{\sigma_s}{2.5}$
被联接件为钢：$[\sigma_p]=\frac{\sigma_s}{1.25}$
被联接件为铸铁：$[\sigma_p]=\frac{\sigma_b}{2\sim2.5}$</td></tr>
<tr><td>变载荷</td><td>$[\tau]=\frac{\sigma_s}{3.5\sim5}$
$[\sigma_p]$：按静载荷的 $[\sigma_p]$ 值降低 20%～30%</td></tr>
</table>

表 4-5　紧螺栓连接的安全系数 n（不控制预紧力时）

钢种	静载荷			变载荷		
	M6～M16	M16～M30	M30～M60	M6～M16	M16～M30	M30～M60
碳钢	4～3	3～2	2～1.3	10～6.5	6.5	6.5～10
合金钢	5～4	4～2.5	2.5	7.5～5	5	5～7.5

2. 紧螺栓联接

紧螺栓联接装配时必须拧紧，在承受外载荷之前，螺栓已受到预紧力 F_0 的作用，这种联接应用广泛。

由于外载荷方向的不同，螺栓联接的强度计算可分为受横向载荷和轴向载荷两种情况来讨论。

(1) 受横向载荷的紧螺栓联接。

①受横向载荷的普通螺栓联接如图 4-4 所示，螺栓与孔之间留有空隙，工作时基本要求联接应预紧，应保证受横向载荷后，被联接件不得有相对滑动。若联接预紧后产生的摩擦力足够大（大于或等于横向载荷），则被联接件之间不会发生相对滑动。即

$$fF_0zm \geqslant K_f F_\Sigma \tag{4-5}$$

则每个螺栓所需的预紧力 F_0 为

$$F_0 \geqslant \frac{K_f F_\Sigma}{fzm} \tag{4-6}$$

式中：

F_Σ——横向载荷，单位为 N；

F_0——预紧力，单位为 N；

K_f——可靠性系数，通常取 1.1～1.3；

m——摩擦面数量；

f——联接摩擦副的摩擦因数，查表 4-6；

z——螺栓的个数。

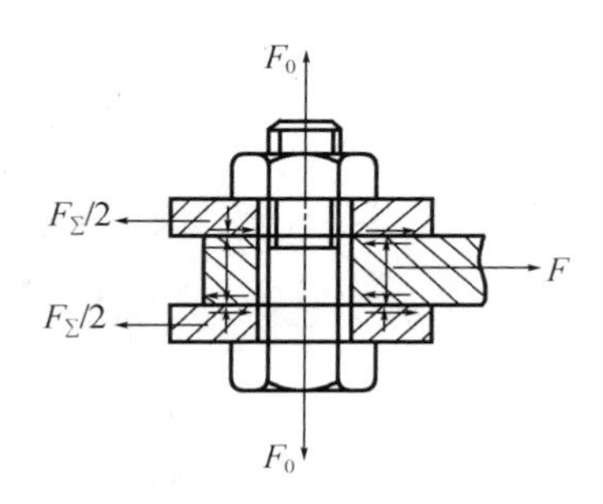

图 4-4　普通螺栓联接受横向载荷

螺栓危险截面上的拉伸应力为

$$\sigma = \frac{F_0}{\pi d_1^2/4} \tag{4-7}$$

此时螺栓联接的强度条件为

$$\frac{1.3F_0}{\pi d_1^2/4} \leqslant [\sigma] \tag{4-8}$$

式中系数1.3值是由于考虑在螺栓受工作载荷时，可能需要补充拧紧（尽量避免），此时应计入扭转切应力的影响。

由式（4－8）可得设计公式为

$$d_1 \geqslant \sqrt{\frac{4\times 1.3F_0}{\pi[\sigma]}} \tag{4-9}$$

式中：

F_0——预紧力，单位为N；

d_1——螺纹小径，单位为mm；

$[\sigma]$——紧螺栓联接的许用应力，单位为MPa，可查表4－3、4－4计算得到。

表4－6　预紧接合面的摩擦因数 f 值

被联接件	表面状态	f
钢或铸铁零件	干燥的加工表面 有油的加工表面	0.1～0.16 0.06～0.10
钢结构	喷砂处理 涂覆锌漆 轧制表面，钢丝刷清理浮锈	0.45～0.55 0.40～0.50 0.30～0.35

②受横向载荷的铰制孔用螺栓联接如图4－5所示，螺栓杆与孔的基本尺寸相同，为过渡配合。当被联接件承受横向载荷时，外载荷靠螺栓杆的剪切和螺栓杆与被联接件的挤压来传递，联接仅受较小的预紧力，一般忽略不计。

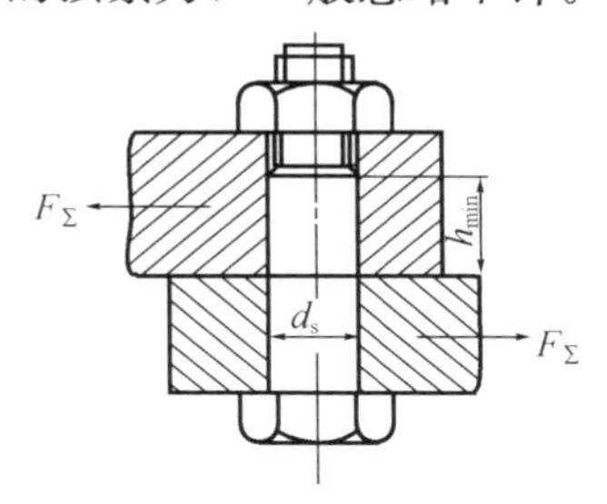

图4－5　铰制孔用螺栓联接

铰制孔用螺栓联接的失效形式一般为螺栓杆被剪断、螺栓杆或孔壁被压溃。因此，铰制孔用螺栓联接须进行剪切强度和挤压强度计算。

各螺栓所受的横向载荷为

$$F=\frac{F_\Sigma}{z} \tag{4-10}$$

则剪切强度

$$\tau=\frac{4F}{i\pi d_s^2}=\frac{4F_\Sigma}{zi\pi d_s^2}\leqslant[\tau] \tag{4-11}$$

挤压强度

$$\sigma_p = \frac{F}{d_s h_{min}} = \frac{F_\Sigma}{z d_s h_{min}} \leqslant [\sigma_p] \tag{4-12}$$

式中：

d_s——螺栓受剪面直径，单位为 mm；

F_Σ——横向载荷，单位为 N；

F——单个螺栓所受横向载荷，单位为 N；

z——螺栓的个数；

i——螺栓受剪面的数目；

h_{min}——螺栓杆与被联接件孔壁间接触受压的最小轴向长度，单位为 mm；

$[\tau]$ ——螺栓的许用切应力，单位为 MPa，可查表 4－3、4－4 计算得到；

$[\sigma_p]$ ——螺栓或孔壁中较弱材料的许用挤压应力，单位为 MPa，可查表 4－3、4－4 计算得到。

(2) 受轴向载荷的紧螺栓联接。

如图 4－6 所示为气缸盖螺栓联接，它是受轴向载荷的螺栓组联接，外载荷垂直于联接的接合面，其合力通过螺栓组截面的形心。工作时要求联接预紧，预紧力的大小应保证受载后的紧密性。

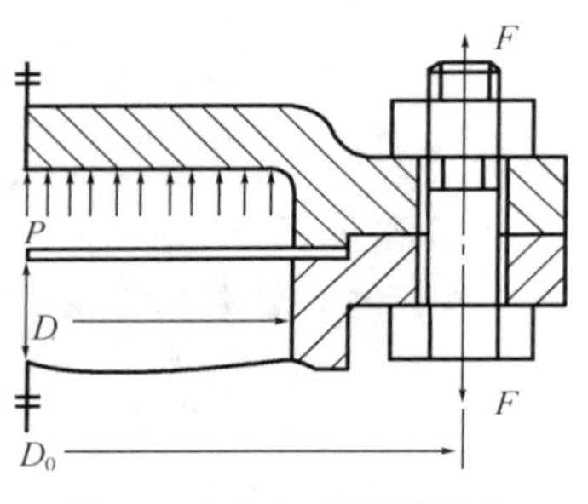

图 4－6　气缸盖螺栓联接

当各螺栓截面直径一样时，各螺栓平均受载，则每个螺栓所受的轴向工作载荷 F 为

$$F = \frac{F_\Sigma}{z} \tag{4-13}$$

式中：

F_Σ——轴向总载荷，单位为 N；

z——螺栓的个数。

设压力容器内的流体压力为 p，内径为 D，则：$F_\Sigma = p\pi D^2/4$。

联接拧紧后，螺栓受预紧力 F_0 而伸长，被联接件受压缩，其压紧力也为 F_0。当压力容器工作时，工作载荷使螺栓伸长量增加，被联接件因螺栓的伸长而略有放松，其压紧力减小为 F_0'，F_0'称为残余预紧力。

此时，螺栓所受的轴向总载荷 F_Q 为残余预紧力和工作载荷之和，即

$$F_Q = F + F_0' \tag{4-14}$$

为了保证联接的紧密性，防止联接接合面间出现间隙，残余预紧力 F_0'必须大于

零。当工作载荷稳定时，取 $F_0'=(0.2\sim0.6)F$；当工作载荷不稳定时，取 $F_0'=(0.6\sim1.0)F$；对有紧密性要求的联接，取 $F_0'=(1.5\sim1.8)F$。

进行螺栓的强度计算时，考虑到螺栓在总拉力 F_Q 的作用下，可能需要补充拧紧，故将总拉力增加30%以考虑补充预紧的影响。故螺栓的拉伸强度条件可以参照只受预紧力的紧螺栓联接的情况，将其中的预紧力 F_0 换成总拉力 F_Q 即可，即强度条件为

$$\frac{1.3F_Q}{\pi d_1^2/4}\leqslant[\sigma] \tag{4-15}$$

设计公式为

$$d_1\geqslant\sqrt{\frac{4\times1.3F_Q}{\pi[\sigma]}} \tag{4-16}$$

式中各符号的含义如前。

【任务实施】

一、案例名称

汽缸盖螺栓联接设计。

二、实施步骤

（1）教师总结螺栓组设计的方法与步骤。

（2）学生独立计算螺栓直径，确定螺栓个数。

（3）验证合理性。

三、螺栓组设计的方法与步骤

根据螺栓组联接的工况及载荷性质来设计合适的螺栓组联接，也就是被联接件的结构设计和联接件的选用（类型及尺寸），一般步骤如下：

1. 被联接件设计

被联接件设计是对联接进行结构设计，确定出被联接件接合面的结构与形状、选定螺栓数目和布置形式。

2. 联接件设计

联接件设计主要是针对螺栓来进行的，其他联接件只要根据螺栓大小来选定，其强度总是能满足要求的，设计内容包括以下两个部分：

（1）螺栓组的类型选择。根据联接的工况及安装、装拆等要求选用合适的类型。

（2）螺栓的尺寸选定。经计算得出 $d\times L$，d 为螺栓公称直径，L 为螺栓长度（由结构设计而定）。

①受力分析。分析得出组内受力最大的螺栓及其载荷，然后按单个螺栓联接计算出螺栓上作用的工作载荷。

②强度计算。由设计公式得出螺栓的最小直径。

③选定螺栓尺寸。为了减少螺栓的规格，便于生产管理，并改善联接的结构工艺性，通常一组螺栓都采用相同的材料、公称直径和长度。

（3）根据计算出的 d_1（小径）值，查螺栓标准，取公称直径（大径）为 d 的螺栓，再根据结构要求定出螺栓的长度 L。

四、确定汽缸盖螺栓的材料及直径

如图 4－6 所示的气缸盖螺栓联接，缸内气压为 $p=0.5\text{MPa}$，气缸内径 $D=300\ \text{mm}$，气缸盖用 8 个螺栓联接，试确定螺栓材料及直径。

（1）确定每个螺栓的轴向工作载荷 F；

（2）确定每个螺栓的总载荷 F_Q；

（3）求螺栓直径；

（4）验证合理性。

【知识拓展】

螺栓联接承受轴向变载荷时，其损坏形式多为螺栓杆部分的疲劳断裂，通常都发生在应力集中较严重之处，即螺栓头部、螺纹收尾部和螺母支承平面所在处的螺纹。以下简要说明影响螺栓强度的因素和提高强度的措施。

一、减小应力幅

螺栓的最大应力一定时，减小应力幅，对防止螺栓的疲劳破坏是十分有利的。若减小螺栓刚度或增大被连接件刚度，均可使螺栓的应力幅减小。

为减小螺栓刚度，可减小螺栓光杆部分的直径、采用空心螺杆、适当增加螺栓的长度或者在螺母下安装弹性元件等，如图 4－7（a）、（b）、（c）所示。

被联接件本身的刚度较大，但被联接件的接合面因需要密封而采用软垫片时将降低其刚度。为保持被联接件原来的刚度值，可不用垫片或采用刚性大的垫片，对有紧密性要求的联接，可采用密封环结构，如图 4－8 所示。

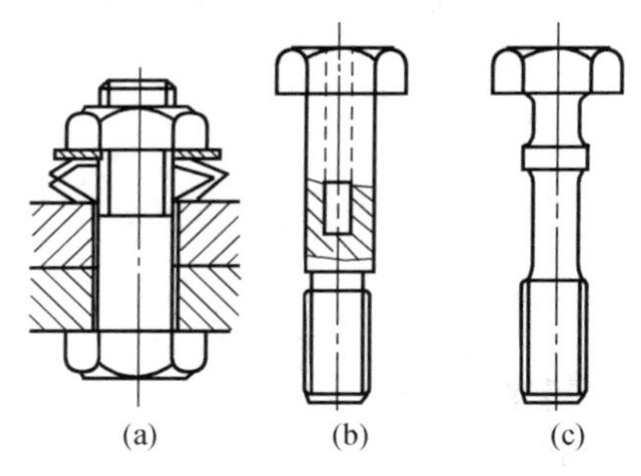

图 4－7　减小螺栓刚度的结构图

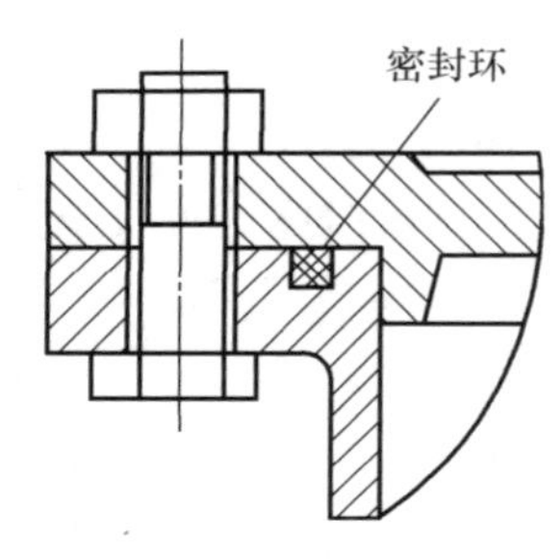

图 4－8　密封环密封

二、减小应力集中

螺杆上螺纹收尾处、螺栓头部到螺杆的过渡处，都会产生应力集中，这是产生断裂的危险部位。使螺栓截面变化均匀是减小应力集中的有效方法，如图 4－9 所示，增大过渡处圆角、切制卸载槽等都是常用的措施。

三、避免附加弯曲应力

由于设计、制造或安装上的疏忽，如被联接件上支承螺母或螺栓头部的支承面偏斜，则有可能使螺栓受到附加的弯曲应力，如图 4－10 所示，这对螺栓疲劳强度的影响很大，应设法避免，所以设计时应从结构和工艺上采取措施，必须注意支承面的平整。例如，在铸件或锻件等未加工的表面上安装螺栓时，通常采用凸台或沉头座等结构，经

局部切削加工后可获得平整的支承面，如图 4－11 所示。

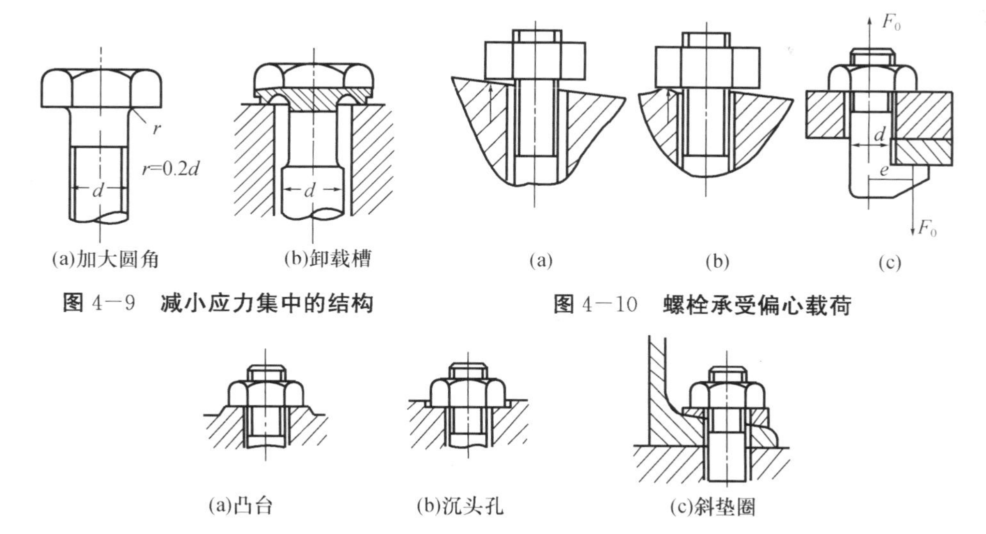

(a)加大圆角　(b)卸载槽

图 4－9　减小应力集中的结构

(a)　(b)　(c)

图 4－10　螺栓承受偏心载荷

(a)凸台　(b)沉头孔　(c)斜垫圈

图 4－11　支承面的结构

四、改善螺纹牙上载荷分布不均匀现象

螺纹联接的载荷是通过螺纹牙传递的，如果螺母和螺杆都是刚体，且制造无误差，则每圈螺纹之间的载荷分配是均匀的。但一般螺栓和螺母都是弹性体，受力后，螺栓、螺母和螺纹牙均产生变形。螺栓受拉伸，螺距增大；螺母受压，螺距减小。这种螺距的变化差要靠螺纹牙的变形来补偿，造成各圈螺纹牙受力不均。从螺母支承面算起，第一圈旋合螺牙的受力最大，其余各圈受力递减。理论分析和实验证明，旋合圈数越多，载荷分布不均的程度也越显著，到第 8～10 圈以后，螺纹几乎不受载荷。所以，采用圈数多的厚螺母，并不能提高联接强度。设计时尽可能使螺母也受拉，以便使螺母和螺杆的变形相一致，如图 4－12 所示。图 4－12（a）采用悬置螺母使螺母的旋合部分与螺栓均受拉，从而减少两者的螺距变化差，使螺牙上的载荷分布趋于均匀，可提高螺栓疲劳强度达 40%。图 4－12（b）采用环槽螺母，其作用与图 4－12（a）类似。图 4－12（c）采用内斜螺母，使螺杆上原受力大的螺牙受力点外移，螺牙的刚度随之减小，易于变形，而把部分力转移到原受力小的螺牙上，使各圈螺牙间的载荷趋于均匀。

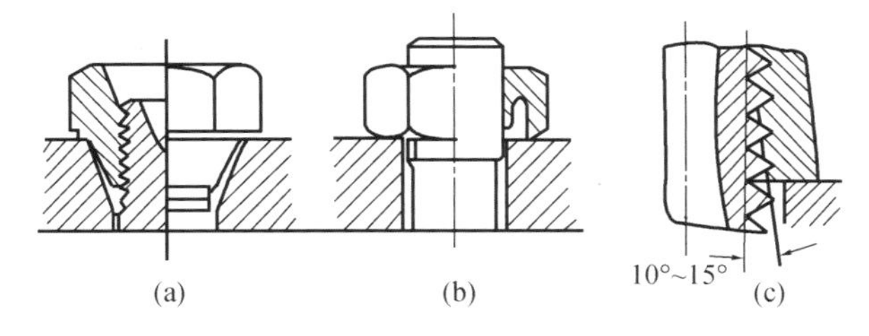

(a)　(b)　(c)

图 4－12　均载螺母的结构

除上述方法外，在制造工艺上采用冷镦工艺加工螺栓头部和滚压工艺辗制螺纹，比车制螺纹其疲劳强度可提高 30%；此外，对螺栓进行渗碳、氮化、氰化及喷丸等表面处理，也能有效提高疲劳强度。

任务二　键联接的设计

【任务描述】

键联接是一种应用很广泛的可拆联接，通常用于联接轴和轴上的传动零件（比如齿轮、带轮等），其主要作用是周向固定轴上零件和传递扭矩。

本任务将完成键联接的设计，包括选择键联接的类型、计算键联接零件的尺寸等。

【任务分析】

键联接的种类很多，选择键的类型应根据具体的工作要求和使用条件而定。键的尺寸主要是键宽、键高与键长，其中键宽是由轴径决定的，随之可确定键高，而键长则与键和轴所传递扭力的大小有关，应依据所选键的失效形式和设计准则完成键的相关尺寸的设计计算。

【知识与技能】

一、键的类型选用

键按结构特点和工作原理，可分为松键联接和紧键联接。

1. 松键联接

松键连接可分为平键联接、半圆键联接两种，如图 4－13 所示。其特点是：键的两侧面为工作面，靠键与键槽侧面的挤压传递运动和转矩；键的顶面为非工作面，与轮廓键槽底部表面间留有间隙。因此，这种联接只能用于轴上零件的周向固定，零件的轴向固定需要其他零件来完成。

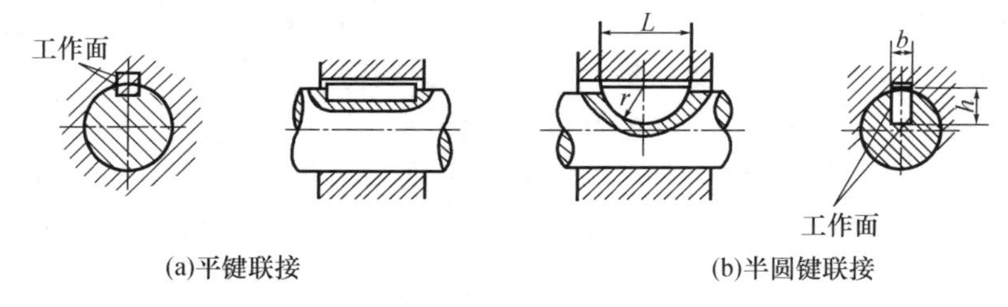

(a)平键联接　　(b)半圆键联接

图 4－13　松键联接

（1）平键联接。平键联接具有结构简单、装拆方便、对中性好的特点，得以广泛应用。按用途可以分为普通平键、导向键、滑键。

①普通平键联接是平键中最主要的形式。用于静联接，即轴与轮毂间无相对轴向移动。普通平键可分为 A 型（圆头）、B 型（平头）和 C 型（单圆头）三种，如图 4－14 所示。采用 A、C 型平键时，轴上的键槽用指状铣刀铣出，键在槽中固定良好，但轴工作时，轴上端部的应力集中较大。采用 B 型平键时，轴上的键槽用盘形铣刀铣出，键槽两端的应力集中较小。C 型平键常用于轴端的联接。轮毂上的键槽一般用拉刀或插刀加工。

②导向平键（图 4－15）与滑键（图 4－16）用于动联接，即轴与轮毂之间有相对轴向移动的联接。其主要作用：一是导向键不动，轮毂沿着轴向移动；二是动联接，键随轮毂移动，当滑移距离较大达到 200～300 mm 时采用滑键。采用导向键与滑键时，要求表面粗糙度小，光洁度高，摩擦小，否则寿命短。

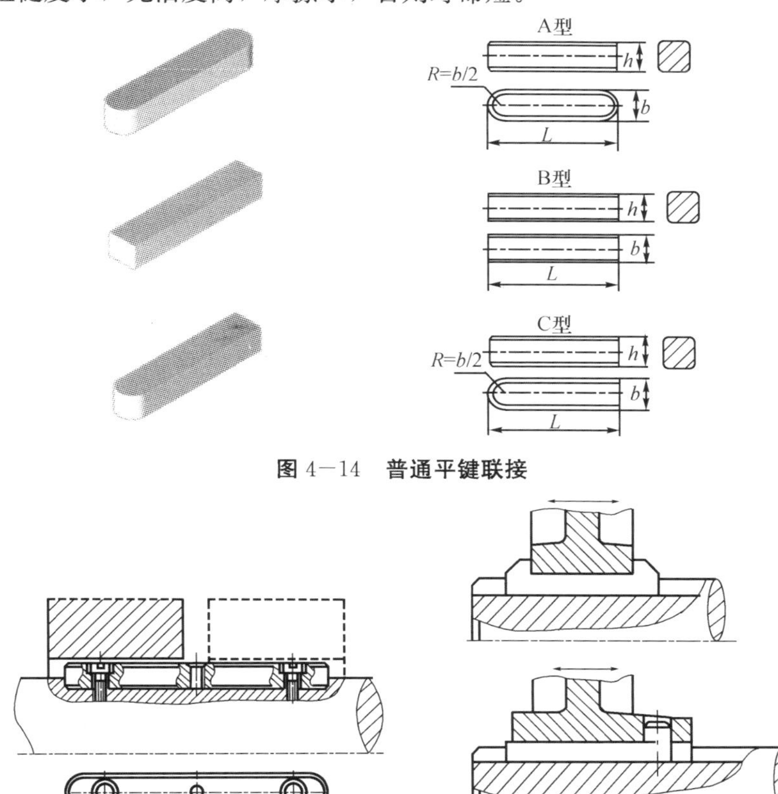

图 4－14　普通平键联接

图 4－15　导向平键　　**图 4－16　滑键**

（2）半圆键联接。半圆键的键槽使用半径与键相同的盘形铣刀铣出，因而键在槽中能摆动以适应轴线偏转引起的位置变化。其优点是工艺性较好，缺点是键槽较深，对轴的强度削弱较大，故一般应用于轻载或锥形结构的联接中。

2. 紧键联接

紧键联接只适用于静联接，通常包括楔键和切向键两种联接方式。

（1）楔键联接。图 4－17 所示为楔键联接，楔键的上表面和轮廓槽底面均具有 1∶100的斜度。装配后，键的上、下表面与轮毂和轴上键槽的底面压紧，因此键的上、下表面为工作面。工作时，靠键楔紧产生的摩擦力来传递转矩和承受单向的轴向力。楔键联接的对中性差，仅适用于要求不高、载荷平稳、速度较低的场合。

楔键可分为普通楔键及钩头楔键两种。普通楔键也有 A 型、B 型、C 型三种。

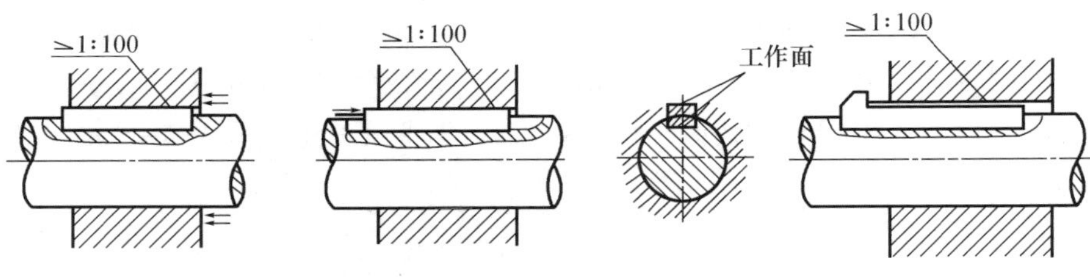

图 4—17　楔键联接

(2) 切向键联接。如图 4—18 所示，切向键由两个斜度为 1∶100 的楔键组成。工作时，靠工作面间的挤压和轴与轮廓间的摩擦力传递较大的转矩，但只能传递单向转矩，如果要传递双向时，则要用两对切向键按 120°～130°分布。切向键对轴的削弱较大，故只适用于速度较小、对中性要求不高、轴径大于 100 mm 的重型机械中。

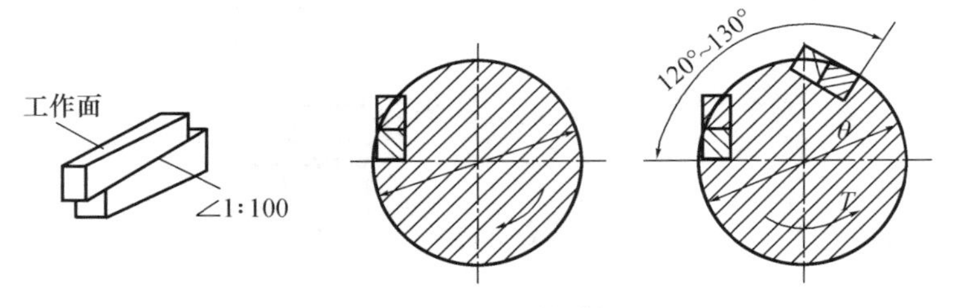

图 4—18　切向键联接

二、键联接的选用及强度计算

1. 平键联接的选择

(1) 根据键联接的结构、使用特性及工作条件选择平键联接的类型。一般考虑转矩大小，联接与轴上的零件是否需要沿轴滑动及滑动距离长短，联接的对中性要求等等。

(2) 键的尺寸则按照符合标准规格和强度要求来取定。键的主要尺寸为键宽 b×键高 h×键长 L。根据轴径 d，从国家标准中（表 4—7）选择平键的剖面尺寸：键宽 b×键高 h。键长 L 应根据轮毂宽度确定，并从键的长度系列中选取略小于轮毂的宽度。

表 4—7　普通平键和楔键的主要尺寸

轴的直径 d	6～8	>8～10	>10～12	>12～7	>17～22	>22～30	>30～38	>38～44
键宽 b×键高 h	2×2	3×3	4×4	5×5	6×6	8×7	10×8	12×8
轴的直径 d	>44～50	>50～58	>58～65	>65～75	>75～85	>85～95	>95～110	>110～130
键宽 b×键高 h	14×9	16×10	18×11	20×12	22×14	25×14	28×16	32×18
键的长度系列 L	6，8，10，12，14，16，18，20，22，25，28，32，36，40，45，50，56，63，70，80，90，100，110，125，140，180，200，220，250…							

2. 平键联接的强度设计

平键联接的主要失效形式是键、轴、轮毂三者较弱工作面的压溃或过度磨损。静联接的普通平键的主要失效形式是工作面的压溃，而动联接的主要失效形式是工作面的磨损。

假设载荷在键的工作面上均匀分布。

（1）普通平键挤压强度条件为

$$\sigma_p=\frac{N}{k\cdot l}=\frac{1000T/(d/2)}{k\cdot l}=\frac{2000T}{kld}\leqslant[\sigma_p] \quad (4-17)$$

或允许传递的扭矩

$$T=\frac{1}{2}kld[\sigma_p] \quad (4-18)$$

式中：

$[\sigma_p]$——键、轴、轮毂中最弱材料的许用挤压应力，单位 MPa，见表4－8；

T——传递的扭矩，单位为 N·mm；

k——工作高度，$k=h/2$；

l——工作长度，A 型键的 $l=L-b$，B 型键的 $l=L$，C 型键的 $l=L-b/2$；

L——公称长度；

d——轴径。

（2）导向平键、滑键（动联接）为

$$p=\frac{2T\times10^3}{kld}\leqslant[p] \quad (4-19)$$

式中：

$[p]$——键、轴、轮毂中最弱材料的许用压强，单位 MPa，如表 4－8 所示。

表 4－8　键联接材料的许用压力（压强）

许用挤压应力、许用压力	联接工作方式	键或毂、轴的材料	载荷性质		
			静载荷	轻微冲击	冲击
$[\sigma_p]$	静联接	钢	120～150	100～120	60～90
		铸铁	70～80	50～60	30～45
$[p]$	动联接	钢	50	40	30

（3）如果平键联接的强度不够可以采取下列措施解决：

采用双键，180°布置（按 1.5 个键计算）；增大轴径 d；适当增长键 L，但会引起应力分布不均；改用花键等。

【任务实施】

一、案例名称

键联接的设计。

二、实施步骤

（1）教师引入键联接的设计任务。

（2）教师总结平键联接设计方法与步骤。

（3）学生根据任务要求选用键联接的类型。

（4）学生选择键的主要尺寸。

（5）学生校核键联接的强度。

（6）学生标注键联接的公差。

三、键联接的设计任务

如图 4－19 所示，某钢制输出轴与铸铁齿轮采用键联接，已知装齿轮处轴的直径 $d=45$ mm，齿轮轮毂长 $L_1=80$ mm，该轴传递的转矩 $T=200$ kN·mm，载荷有轻微冲击。试选用该键联接，并完成图 4－20 中轴、毂公差的标注。

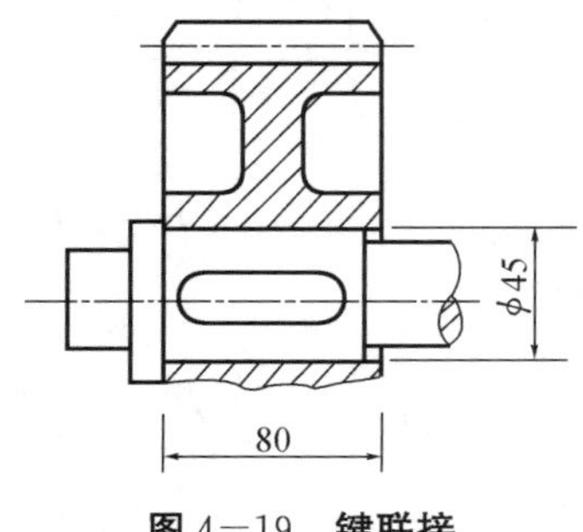

图 4－19　键联接

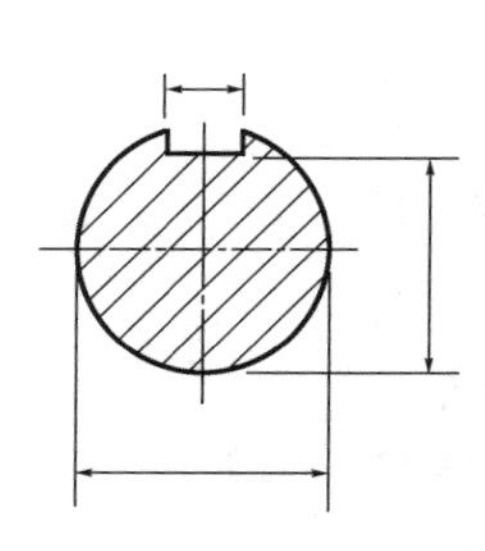

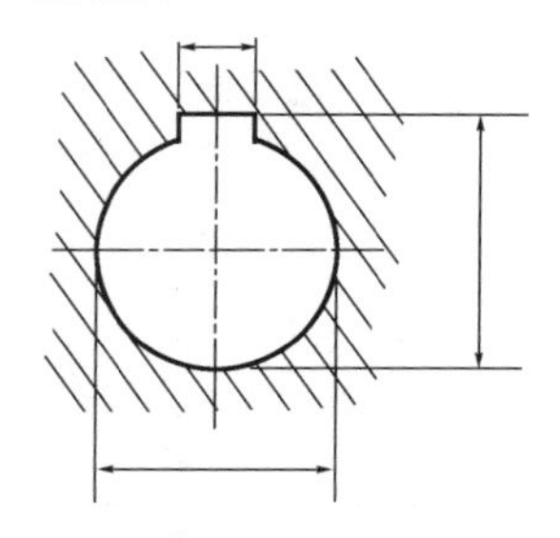

图 4－20　轴、毂公差的标注

【知识拓展】

一、花键联接

花键联接是由多个键齿与键槽在轴和轮毂孔的周向均布而成（图 4－21）。花键齿侧面为工作面，适用于动、静联接。

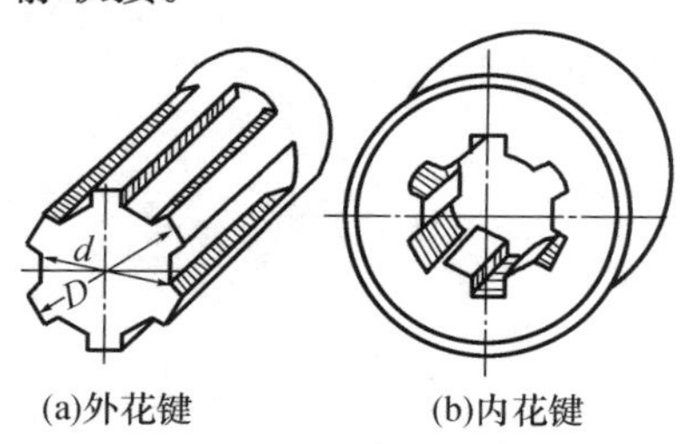

(a)外花键　　(b)内花键

图 4－21　花键联接

1. 花键联接的类型、特点和应用

（1）花键联接的特点主要有：齿较多、工作面积大、承载能力较高；键均匀分布，各键齿受力较均匀；齿槽线、齿根应力集中小，对轴的强度削弱减少；轴上零件对中性好；导向性较好；加工需专用设备，制造成本高。

（2）花键类型。按齿形分有：矩形花键（4～24 牙），已标准化，制造容易，应用广泛，分轻、中、重、补充系列；渐开线花键（GB 34781—83），齿廓为渐开线，可用

齿轮机床加工，工艺性较好，制造精度高，应力集中小，易于对心，但用渐开线花键孔拉刀拉削制造复杂，成本高，适宜于传递大扭矩，大直径轴。

2. 花键定心方式

(1) 外径定心：轴、孔加工简单（孔拉削）精度高。如 HRC 过高，拉不动（一般 HRC<40），可通过高频淬火提高硬度，拉了以后再热处理，加工性能变好。

(2) 侧面定心：虽定心精度不高，但载荷分布均匀。承载能力高，但零件易移动，侧面易磨损，使对中性变坏。适于定心要求不高的重载联接（静联接）。

(3) 内径定心：定心精度高，定心稳定性好，配合面均要研磨，磨削消除热处理后的变形，加工较复杂。当 HRC>40、用外径定心时不适合，D>120 mm、单件生产时采用。

二、销联接

销主要用于零件间位置定位（定位销必须多于 2 个），也用于传递不大的载荷及安全保护装置中作剪断元件。销的基本形式为圆柱销和圆锥销，如图4－22（a)、（b）所示。还有大端具有外螺纹的圆锥销或小端带外螺纹的圆锥销等许多特殊形式，如图 4－22（c)、(d）所示。按其功用可以分为定位销、联接销、安全销。

用于联接的销，工作时通常受挤压和剪切作用。设计时，其尺寸可根据联接的结构特点按经验确定，必要时再作强度校核。因为联接销常需多次装拆，故除了校核剪切强度外还需校核挤压强度。

销的常用材料为 35、45 钢。其许用剪切应力大致为 80MPa 左右。

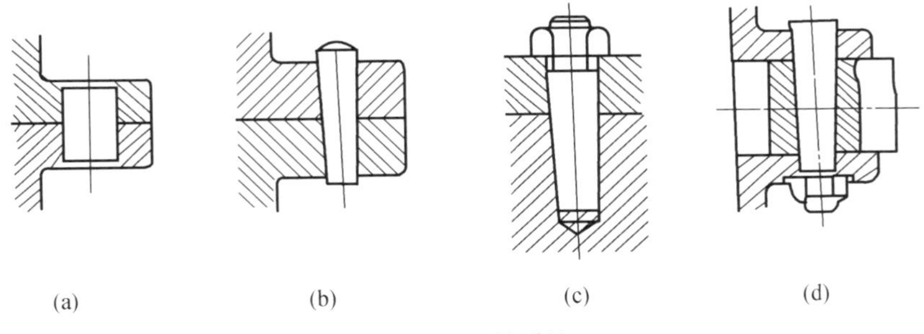

图 4－22 销联接

【自测题】

一、选择与填空题

1. 计算紧螺栓连接的拉伸强度时，考虑到拉伸与扭转的复合作用，应将拉伸载荷增加到原来的________倍。

A. 1. 1　　B. 1. 3　　C. 1. 25　　D. 0. 3

2. 在螺栓连接中，有时在一个螺栓上采用双螺母，其目的是________。

A. 提高强度　　B. 提高刚度

C. 防松　　D. 减小每圈螺纹牙上的受力

3. 在同一螺栓组中，螺栓的材料、直径和长度均应相同，这是为了________。

A. 受力均匀　　B. 便于装配　　C. 外形美观　　D. 降低成本

4. 不控制预紧力时，螺栓的安全系数选择与其直径有关，是因为________。

A. 直径小，易过载　　　　B. 直径小，不易控制预紧力

C. 直径大，材料缺陷多　　D. 直径大，安全

5. 紧螺栓连接在按拉伸强度计算时，应将拉伸载荷增加到原来的1.3倍，这是考虑的________影响。

A. 螺纹的应力集中　　B. 扭转切应力作用

C. 安全因素　　D. 载荷变化与冲击

6. 预紧力为F_0的单个紧螺栓连接，受到轴向工作载荷F作用后，螺栓受到的总拉力F_Σ________F_0+F。

A. 大于　　B. 等于　　C. 小于　　D. 大于或等于

7. 在螺栓联接设计中，若被联接件为铸件，则有时在螺栓孔处制作沉头座孔或凸台，其目的是________。

A. 避免螺栓受附加弯曲应力作用　　B. 便于安装

C. 为安置防松装置　　D. 为避免螺栓受拉力过大

8. 三角形螺纹的牙型角$\alpha=$________，适用于________，而梯形螺纹的牙型角$\alpha=$________，适用于________。

9. 常用螺纹的类型主要有________、________、________、和________。

10. 螺纹联接防松的实质是________。

11. 普通紧螺栓联接受横向载荷作用，则螺栓中受________应力和________应力作用。

12. 被联接件受横向载荷作用时，若采用普通螺栓联接，则螺栓受________载荷作用，可能发生的失效形式为______________。

13. 受轴向工作载荷F的紧螺栓联接，螺栓所受的总拉力F_Σ等于________。

14. 采用凸台或沉头座孔作为螺栓头或螺母的支承面是为了________。

15. 在螺纹联接中采用悬置螺母或环槽螺母的目的是________。

16. 在螺栓联接中，当螺栓轴线与被联接件支承面不垂直时，螺栓中将产生附加________应力。

17. 螺纹联接防松，按其防松原理可分为________防松、________防松和________防松。

18. 平键B20×80GB/T 1096—1979中，20×80是表示________。

A. 键宽×轴径　　B. 键高×轴径

C. 键宽×键长　　D. 键宽×键高

19. 一般采用________加工B型普通平键的键槽。

A. 指状铣刀　　B. 盘形铣刀　　C. 插刀　　D. 车刀

20. 设计键连接时，键的截面尺寸$b\times h$通常根据________由标准中选择。

A. 传递转矩的大小　　B. 传递功率的大小

C. 轴的直径　　D. 轴的长度

21. 如需在轴上安装一对半圆键，则应将它们布置在________。

A. 相隔90° B. 相隔120°位置

C. 轴的同一母线上 D. 相隔180°

22. 在平键联接工作时，是靠________和________侧面的挤压传递转矩的。

23. ________键联接，既可传递转矩，又可承受单向轴向载荷，但容易破坏轴与轮毂的对中性。

24. 平键联接中的静联接的主要失效形式为________，动联接的主要失效形式为________；所以通常只进行键联接的________强度或________计算。

25. 半圆键的________为工作面，当需要用两个半圆键时，一般布置在轴的________。

二、问答题

1. 常用螺纹按牙型分为哪几种？各有何特点？各适用于什么场合？

2. 螺纹联接有哪些基本类型？各有何特点？各适用于什么场合？

3. 为什么螺纹联接常需要防松？按防松原理，螺纹联接的防松方法可分为哪几类？试举例说明。

4. 螺栓组联接受力分析的目的是什么？在进行受力分析时，通常要做哪些假设条件？

5. 为什么对于重要的螺栓联接要控制螺栓的预紧力 F_0？控制预紧力的方法有哪几种？

6. 试述平键联接的工作特点和应用场合。

7. 平键联接有哪些失效形式？

8. 花键联接的应用特点是什么？按其形状可分为哪三种？各用于何种场合？

三、分析计算题

1. 一牵曳钩用2个M10（$d_1=8.376$ mm）的普通螺栓固定于机体上，如图4－23所示。已知接合面间摩擦系数 $f=0.15$，可靠性系数 $k_f=1.2$，屈服极限 $\sigma_s=360$ MPa，许用安全系数 $n=3$。试计算该螺栓组连接允许的最大牵引力 F_{Rmax}。

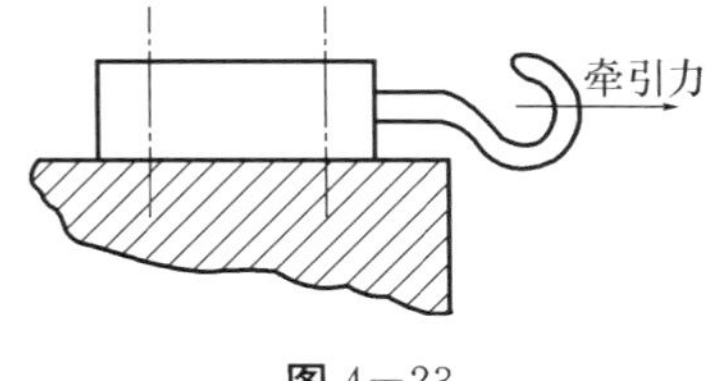

图4－23

2. 图4－24所示为一凸缘联轴器，用6个M10的铰制孔用螺栓联接，结构尺寸如图所示。两半联轴器材料为HT200，其许用挤压应力 $[\sigma_p]_1=100$ MPa，螺栓材料的许用切应力 $[\tau]=92$ MPa，许用挤压应力 $[\sigma_p]_2=300$ MPa，许用拉伸应力 $[\sigma]=120$ MPa。试计算该螺栓组联接允许传递的最大转矩 T_{max}。若传递的最大转矩 T_{max} 不变，改用普通螺栓连接，试计算螺栓小径 d_1 的计算值（设两半联轴器间的摩擦系数 $f=0.15$，可靠性系数 $k_f=1.2$）。

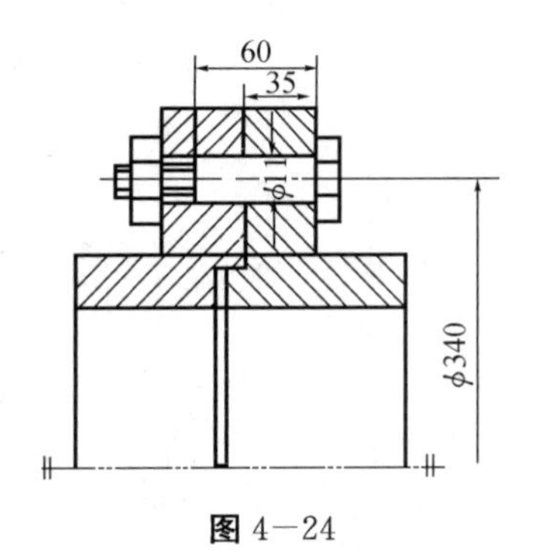

图 4－24

3. 设计一齿轮与轴的键联接。已知轴的直径 $d=90$ mm，轮毂宽 $B=110$ mm，轴传递的转矩 $T=1\ 800$ N・mm，载荷平稳，键、轴的材料均为钢，齿轮材料为锻钢。

项目五　传动零部件识别及应用

【学习目标】

1. 培养目标

培养学生对常用传动零部件的识别和选择能力；能根据传动零部件的失效形式和设计准则，通过查阅相关文献资料，完成零件从材料选择、设计计算到强度校核的设计过程。

2. 知识目标

掌握常用传动零部件的使用要求、工作原理、结构特点和运动特性，掌握常用机构和通用零件的选用方法和设计原理。

任务一　齿轮传动机构识别及应用

【任务描述】

齿轮传动依靠齿廓之间啮合传动传递运动和动力，是应用最广的一种机械传动。与其他传动相比，齿轮传动具有传动比恒定、传递压力方向不变和传动中心距可分性等优点。本任务主要设计计算两级齿轮减速器中低速直齿圆柱齿轮传动，完成齿轮材料的选择，齿轮参数、主要几何尺寸及相关检测尺寸的确定等，最后选择加工方法。

【任务分析】

根据项目一中的任务二，我们知道零件的设计计算离不开零件的失效形式和设计准则。齿轮传动主要分为软齿面闭式齿轮传动、硬齿面闭式齿轮传动及开式齿轮传动三种，它们的失效形式各有不同，因此设计步骤与方法也会有所不同。设计计算时首先应根据齿轮传动的应用场合，明确齿轮传动的类型及其失效形式，再根据设计准则及其设计步骤完成设计过程。

【知识与技能】

一、齿轮传动的分类

齿轮传动的类型很多，按两轮轴线的相对位置和齿向具体分类如图 5－1 所示。

按照齿轮副中两轴的相对位置、齿轮传动可以分为平行轴齿轮传动、相交轴齿轮传动和交错轴齿轮传动三类。

按照轮齿齿廓曲线的形状，可分为渐开线齿轮传动、圆弧齿轮传动和摆线齿轮传动等。

按照工作条件的不同，可分为开式齿轮传动和闭式齿轮传动两种。前者齿轮外露，灰尘易于落入齿面；后者齿轮被封闭在箱体内。

按照传动比（$i_{12}=\omega_1/\omega_2$）是否恒定分为定传动比（$i_{12}=$常数）和变传动比（$i_{12}\neq$常数）传动齿轮机构。

按照外形分类，分为圆柱齿轮和圆锥齿轮传动。

本任务仅讨论应用广泛的渐开线直齿圆柱齿轮传动。

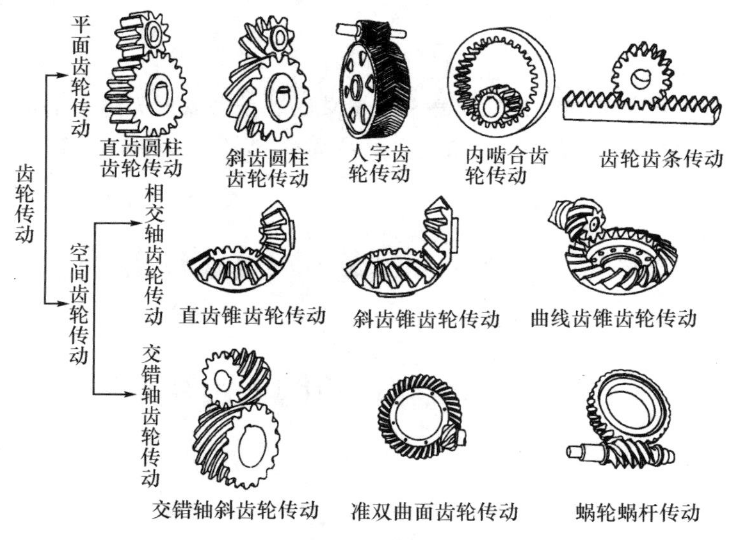

图 5－1　齿轮传动的分类

二、齿轮传动的特点

齿轮传动主要有以下优点：

（1）适用的圆周速度和功率范围广，效率高；

（2）能保证瞬时传动比恒定；

（3）工作可靠且寿命长；

（4）可以传递空间任意两轴间的运动及动力。

齿轮传动的主要缺点如下：

（1）制造、安装精度要求较高，故成本高；

（2）精度低时噪音大，是机器的主要噪声源之一；

（3）不宜用作轴间距过大的两轴之间的传动。

三、渐开线的形成和特性

如图 5－2 所示，一直线 $n-n$ 沿半径为 r_b 的圆周做纯滚动，该直线上任一点 K 的轨迹 AK 称为该圆的渐开线。这个圆称为渐开线的基圆，直线 $n-n$ 称为渐开线的发生线。渐开线上任一点 K 的向径 r_K 与起始点 A 的向径间的夹角 θ_K 称为渐开线在 K 点的展角。

根据渐开线的形成可知，渐开线具有如下性质：

（1）发生线在基圆上滚过的长度等于基圆上被滚过的圆弧长，即$\overline{NK}=\overset{\frown}{AN}$。

（2）因为发生线在基圆上做纯滚动，切点 N 就是渐开线上 K 点的瞬时速度中心，NK 是 K 点的曲率半径，发生线 NK 就是渐开线在 K 点的法线。又因发生线在各位置

均切于基圆，所以渐开线上任一点的法线必与基圆相切。同时渐开线上离基圆越远的点，因曲率半径越大，渐开线就越平直。

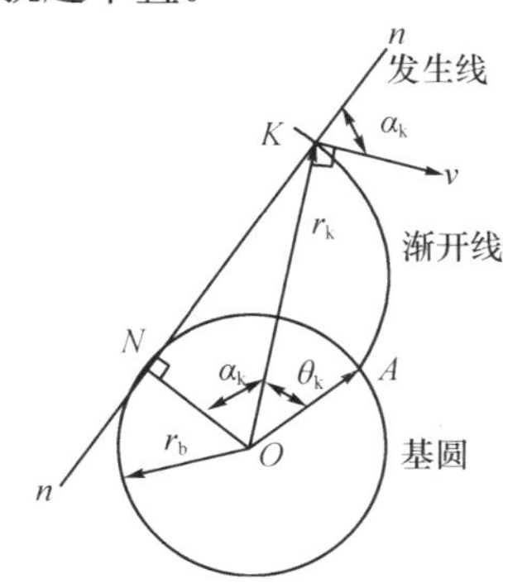

图 5－2　渐开线的形成

（3）渐开线的形状取决于基圆的大小。基圆大小不同，渐开线的形状也不同，如图 5－3 所示。C_1、C_2 为在半径不同的两基圆上展开的渐开线。当展角 θ_k 相同时，基圆半径越大，渐开线在 K 点的曲率半径越大，渐开线越平直。当基圆半径无穷大时，渐开线就成为垂直于发生线的一条直线，如图 5－3 所示的 C_3。齿条的齿廓曲线就是变为直线的渐开线。

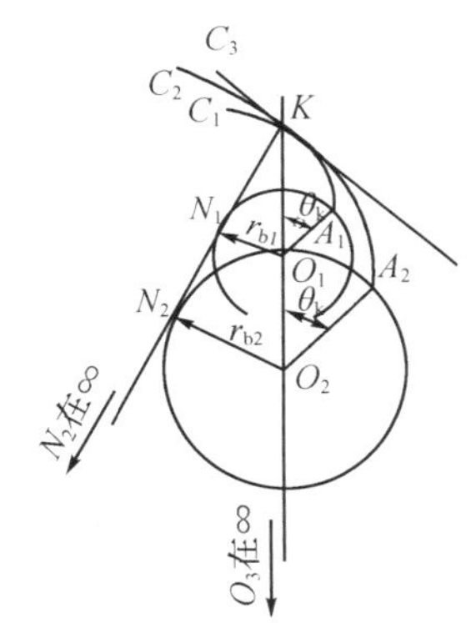

图 5－3　不同基圆的渐开线比较

（4）基圆内无渐开线。

四、渐开线标准直齿圆柱齿轮的主要参数及几何尺寸

1. 齿轮各部分名称和符号

图 5－4 所示为直齿圆柱齿轮的一部分。每个轮齿的两侧齿廓都是由形状相同、方向相反的渐开线曲面组成，其各部分的名称和符号如下：

齿数——圆周上均匀分布的轮齿总数，用 z 表示。

齿宽——轮齿的轴向长度，用 b 表示。

齿顶圆——过所有轮齿顶部的圆，其半径用 r_a 表示。

齿根圆——过所有齿槽底部的圆，其半径用 r_f 表示。由图 5－4（a）、图 5－4（b）可见，外齿轮的齿顶圆大于齿根圆，而内齿轮则相反。

齿厚——在半径为 r_K 的圆周上，同一轮齿两侧齿廓间的弧长称为该圆上的齿厚，

用 s_K 表示。

齿槽宽——相邻两齿之间的空间称为齿槽。在半径为 r_K 的圆周上，相邻两齿反向齿廓间的弧长称为该圆上的齿槽宽，用 e_K 表示。由图 5－4（a）、图 5－4（b）可见，内齿轮的齿厚相当于外齿轮的齿槽宽。

齿距——在半径为 r_K 的圆周上，相邻两齿同向齿廓间的弧长称为该圆上的齿距，用 p_K 表示，且 $p_K=s_K+e_K$。显然轮齿在不同圆周上的齿厚、齿槽宽不同。但因齿条的齿廓是直线，同侧齿廓相互平行，故不论在分度线上、齿顶线上还是在与分度线相互平行的其他直线上，其齿距均相等，如图 5－4（c）所示。

分度圆——为计算齿轮各部分尺寸，在齿顶圆与齿根圆之间选定一个圆作为计算基准，这个圆称为齿轮的分度圆，其直径用 d 表示。分度圆是齿轮所固有的一个圆，其他一些圆如齿顶圆、齿根圆、基圆的尺寸等均由它导出。分度二字含有分齿和度量之意。分度圆上的所有参数和尺寸均不带下标。

齿顶高——分度圆与齿顶圆之间的径向距离，用 h_a 表示。

齿根高——分度圆与齿根圆之间的径向距离，用 h_f 表示。

全齿高——齿顶圆与齿根圆之间的径向距离，用 h 表示，显然 $h=h_a+h_f$。

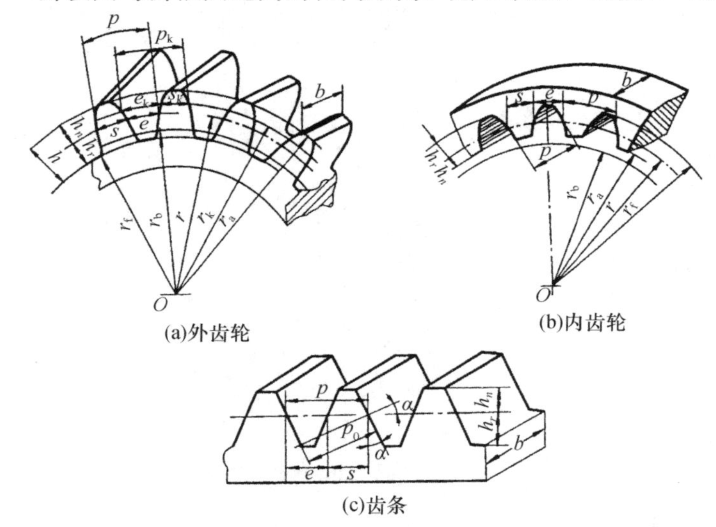

图 5—4　齿轮各部分的名称和符号

2. 标准直齿圆柱齿轮的基本参数及几何尺寸计算

（1）标准直齿圆柱齿轮的基本参数渐开线直齿圆柱齿轮的基本参数有五个：m、z、α、h_a^*、c^*，下面介绍这些基本参数。

①模数。由齿距定义可知，任意直径 d_K 的圆周长为 $p_K z=d_K\pi$，则 $d_K=p_K z/\pi$。式中 π 是个无理数。为了便于计算、制造和检验，把分度圆上齿距 p 与 π 的比值 p/π 人为地规定成标准数值（见表 5－1），用 m 表示，并称之为齿轮的模数。即 $m=p/\pi$，单位为 mm，它是齿轮计算的重要参数。于是齿轮分度圆直径可以表示为 $d=zp/\pi=zm$。当齿数相同时，模数越大，齿轮的直径越大，因而承载能力也就越高。

表 5－1　标准模数系列（摘自 GB1357—1987）　（mm）

第一系列	0.1，0.12，0.15，0.2，0.25，0.3，0.4，0.5，0.6，0.8，1，1.25，1.5，2，2.5，3，4，5，6，8，10，12，16，20，25，32，40，50
第二系列	0.35，0.7，0.9，1.75，2.25，2.75，(3.25)，3.5，(3.75)，4.5，5.5，(6.5)，7，9，(11)，14，18，22，28，(30)，36，45

注：(1) 选取时优先采用第一系列，括号内的模数尽可能不用。

(2) 对斜齿轮，该表所示为法面模数。

②压力角。如前所述，齿轮齿廓上各点的压力角不同。为了便于设计、制造和互换使用，将分度圆上的压力角规定为标准值，可简称为压力角 α。我国标准规定 $\alpha=20°$，此外，有些国家也采用 14.5°、15°等标准。分度圆上的压力角就是通常所说的齿轮的压力角。而对于齿条，由于齿廓上各点的法线是平行的，而且在传动时齿条做平动，齿廓上各点速度的大小和方向都一致，所以齿条齿廓上各点的压力角均相同，且等于齿廓的倾斜角（取标准值 20°），也称为齿形角，如图 5－4（c）所示。

至此，可以给分度圆下一个完整的定义：分度圆是齿轮上具有标准模数和标准压力角的圆。

③齿数。齿数不但影响齿轮的几何尺寸，而且也影响齿廓曲线的形状。基圆直径 $d_b=d\cos\alpha=mz\cos\alpha$ 可见，只有 m、z、α 都确定了，齿轮的基圆直径 d_b 才能确定，同时渐开线的形状亦才确定。所以 m、z、α 是决定轮齿渐开线形状的三个基本参数。当 m、α 不变时，z 越大，基圆越大，渐开线越平直。当 $z\rightarrow\infty$时，$d_b\rightarrow\infty$时，渐开线变成直线，齿轮则变成齿条，此时，此轮上的齿顶圆、齿根圆、分度圆分别成为齿顶线、齿根线和分度线。

④齿顶高系数 h_a^* 和顶隙系数 c^*。齿轮的齿顶高、齿根高都与模数 m 成正比。即

$$h_a=h_a^* m \tag{5-1}$$

$$h_f=(h_a^*+c^*)m \tag{5-2}$$

$$h=(2h_a^*+c^*)m \tag{5-3}$$

式中：

h_a^*——齿顶高系数；

c^*——顶隙系数。

国家标准规定：对于正常齿制，$h_a^*=1$，$c^*=0.25$；对于短齿制，$h_a^*=0.8$，$c^*=0.3$。

由上式可见，齿轮的齿根高大于齿顶高。这是为了保证在一对齿轮啮合时，一个齿轮的齿顶圆与另一个齿轮的齿根圆之间具有一定的径向间隙，此间隙称为顶隙，用 c 表示，$c=c^*m$。有了顶隙，可以避免传动时一个齿轮的齿顶与另一个齿轮的齿根互相卡住，且有利用贮存润滑油。

(2) 标准直齿圆柱齿轮的几何尺寸计算。所谓标准齿轮是指分度圆上的齿厚 s 等于齿槽宽 e，且齿顶高和齿根高及 m、α、h_a^*、c^* 均为标准值的齿轮。现将其几何尺寸的计算公式列于表 5－2 中。

表 5－2　标准直齿圆柱齿轮几何尺寸的计算公式

序号	名称	符号	计算公式
1	齿顶高	h_a	$h_a = h_a^* \times m$
2	齿根高	h_f	$h_f = (h_a^* + c^*)\ m$
3	全齿高	h	$h = h_a + h_f = (2h_a^* + c^*)\ m$
4	顶隙	c	$c = c^* \times m$
5	分度圆直径	d	$d = mz$
6	基圆直径	d_b	$db = d\cos\alpha$
7	齿顶圆直径	d_a	$d_a = d \pm 2h_a = (z \pm 2h_a^*)\ m$
8	齿根圆直径	d_f	$d_f = d \pm 2h_f = (z \pm 2h_a^* \pm 2c^*)\ m$
9	齿距	p	$p = \pi m$
10	齿厚	s	$s = p/2 = \pi m/2$
11	齿槽宽	e	$e = p/2 = \pi m/2$
12	标准中心距	a	$a = \frac{1}{2}(d_2 \pm d_1) = \frac{1}{2}m(z_2 \pm z_1)$

注：表中正负号处，上面符号用于外齿轮，下面符号用于内齿轮。

例 5－1　为修配一残损的正常齿制标准直齿圆柱外齿轮，实测齿高为 8.96 mm，齿顶圆直径为 135.90 mm。试确定该齿轮的主要尺寸。

解： 由表 5－2 可知

$$h = h_a + h_f = (2h_a^* + c^*)\ m$$

设 $h_a^* = 1$，$c^* = 0.25$，则

$$m = h/(2h_a^* + c^*) = 8.96/(2 \times 1 + 0.25) = 3.982\ (\text{mm})$$

由表 5－1 查得 $m = 4$ mm，则

$$z = (d_a - 2h_a^* m)/m = (135.90 - 2 \times 1 \times 4)/4 = 31.975$$

取齿数为 $z = 32$，

分数圆直径

$$d = mz = 4 \times 32 = 128\ (\text{mm})$$

齿顶圆直径

$$d_a = d + 2h_a^* m = 128 + 2 \times 1 \times 4 = 136\ (\text{mm})$$

齿根圆直径

$$d_f = d - 2(h_a^* + c^*)\ m = 128 - 2 \times (1 + 0.25) \times 4 = 118\ (\text{mm})$$

基圆直径

$$d_b = d\cos\alpha = 128 \times \cos 20° = 120.281\ (\text{mm})$$

(3) 渐开线直齿圆柱齿轮公法线长度和固定弦齿厚。在齿轮检验与加工过程中，需要测量齿轮公法线长度或固定弦齿厚。

①公法线长度。如图 5－5 所示，卡尺的两个卡脚跨过 k 个齿（图中 $k = 3$），与渐

开线齿廓相切于 A、B 两点，此两点间的距离 AB 就称为被测齿轮跨 k 个齿的公法线长度，以 W_k 表示。由于 AB 是渐开线上 A、B 两点的法线，所以 AB 必与基圆相切。

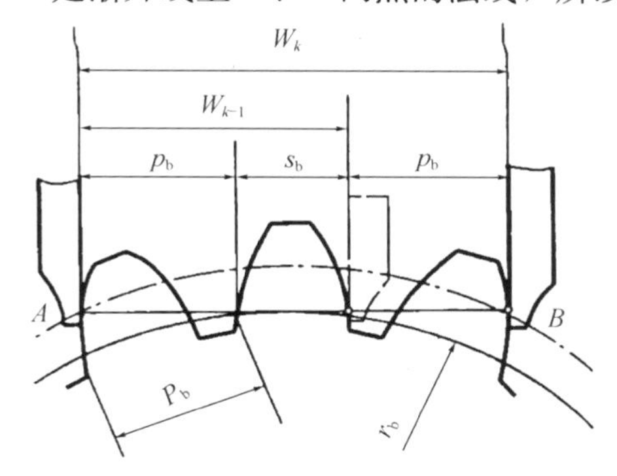

图 5－5　公法线长度

由图 5－5 可知

$$W_k=(k-1)\ p_b+s_b \tag{5-4}$$

式中：

p_b——基圆齿距；

s_b——基圆齿厚。

$$W_k-W_{k-1}=p_b=\pi m\cos\alpha \tag{5-5}$$

式（5－5）可用于齿轮参数测定。W_k 的计算公式为

$$W_k=m\cos\alpha\ [\ (k-0.5)\ \pi+z\mathrm{inv}\alpha] \tag{5-6}$$

测量公法线长度时，必须保证卡尺的两个卡脚与渐开线齿廓相切，应尽量使卡脚卡在齿廓的中部，这样测得的公法线长度值较准确。据此条件可推出合理的跨齿数 k 的计算公式为

$$k=z\frac{\alpha}{180^\circ}+0.5 \tag{5-7}$$

式中：

α——分度圆压力角，单位为度；

z——齿轮的齿数。

计算出 k 值并四舍五入取整。

②固定弦齿厚与固定弦齿高对于大模数（$m>10$ mm）圆柱齿轮或圆锥齿轮，通常测量固定弦齿厚。

所谓固定弦齿厚 $\bar{s}_c$，是指标准齿条的齿廓与齿轮齿廓对称相切时，两切点之间的距离。如图 5－6 所示的 AB。其计算式为

$$\bar{s}_c=\frac{\pi m}{2}\cos^2\alpha \tag{5-8}$$

齿顶到固定弦 AB 的距离称为固定弦齿高以 $\bar{h}_c$ 表示。其计算式为

$$\bar{h}_c=m\ (h_a^*-\frac{\pi}{8}\sin2\alpha) \tag{5-9}$$

当 $\alpha=20^\circ$、$h_a{}^*=1$ 时，以上两式可写为

$$\begin{cases}\bar{s}_c = 1.387m \\ \bar{h}_c = 0.747\,6m\end{cases} \tag{5-10}$$

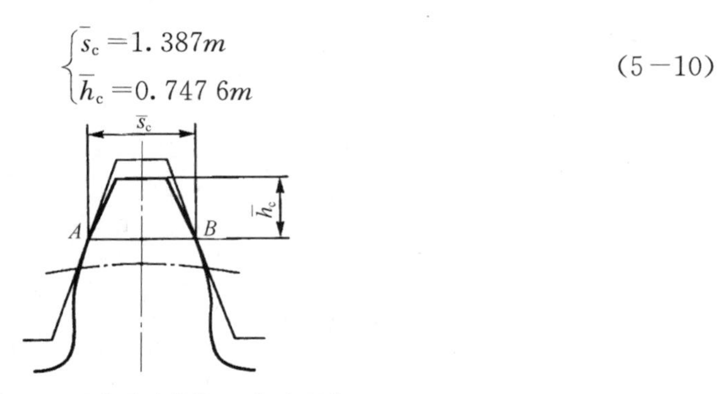

图 5-6　固定弦齿厚和固定弦齿高

由于测量固定弦齿厚需要用齿顶圆作为测量基准，所以用此种方法检测齿轮时，应对其齿顶圆规定较小的公差值。又因为测量公法线长度和固定弦齿厚都是检测齿轮误差大小的，所以在实际中采用其中一种方法即可。

五、渐开线齿廓啮合特性

1. 瞬时传动比恒定

图 5-7 所示为一对渐开线齿轮的齿廓在任意点 K 啮合，O_1、O_2 分别为两轮的转动中心，C_1、C_2 为两轮上相互啮合的一对齿廓。由渐开线性质 2 可知，过啮合点 K 所作的两齿廓的公法线 N_1N_2 必同时与两轮基圆相切，即 N_1N_2 为两基圆的内公切线，N_1、N_2 为切点。由于齿轮安装完后，两轮的基圆位置不再改变，且两圆沿同一方向的内公切线只有一条，所以无论两渐开线齿廓在哪点啮合（如图在 K' 点啮合），过啮合点所作的公法线都一定与 N_1N_2 相重合。故任意啮合点 K 的公法线 N_1N_2 为一定直线，其与两轮连心线 O_1O_2 的交点 P 也为一定点。设该瞬时两轮的角速度分别为 ω_1、ω_2，则两轮在 K 点的速度分别为 $v_{K1}=\omega_1\overline{O_1K}$，$v_{K2}=\omega_2\overline{O_2K}$。齿轮传动时，两轮在过啮合点 K 的公法线上的分速度必须相等。否则，两齿廓将分离或互相嵌入。所以

$$v_{K1}\cdot\cos\alpha_{K1}=v_{K2}\cdot\cos\alpha_{K2}$$

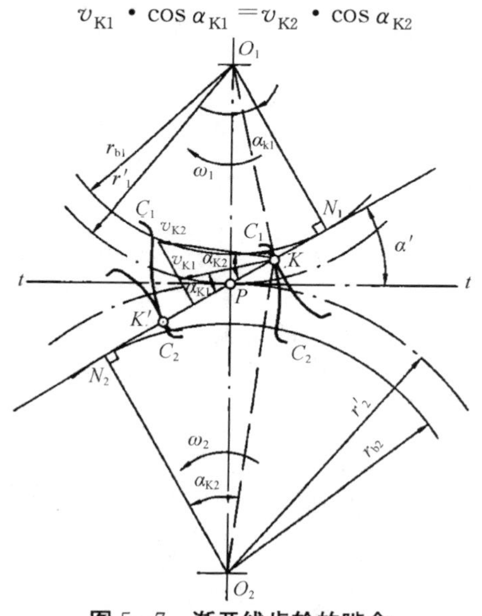

图 5-7　渐开线齿轮的啮合

即

$$\omega_1 \overline{O_1K}\cos\alpha_{K1}=\omega_2 \overline{O_2K}\cos\alpha_{K2}$$

于是该瞬时的传动比为

$$i_{12}=\frac{\omega_1}{\omega_2}=\frac{\overline{O_2K}\cos\alpha_{K2}}{\overline{O_1K}\cos\alpha_{K1}}=\frac{\overline{O_2N_2}}{\overline{O_1N_1}}=\frac{r_{b2}}{r_{b1}}=\text{常数} \tag{5-11}$$

由于渐开线的基圆半径 r_{b1}、r_{b2}不变，且 K 点为任意点，所以渐开线齿廓在任意点 K 啮合时，两轮的瞬时传动比都等于基圆半径的反比，故瞬时传动比恒定。公法线 N_1N_2 与连心线 O_1O_2 的交点 P 称为节点。分别以 O_1、O_2 为圆心，过节点 P 所作的圆称为节圆，其半径用 r_1'、r_2'表示。因为$\triangle O_1PN_1 \backsim \triangle O_2PN_2$，所以

$$i_{12}=\frac{\omega_1}{\omega_2}=\frac{\overline{O_2N_2}}{\overline{O_1N_1}}=\frac{\overline{O_2P}}{\overline{O_1P}}=\frac{r_2'}{r_1'} \tag{5-12}$$

由式（5－12）可得，$\omega_1r_1'=\omega_2r_2'=v_{p1}=v_{p2}$。由于一对节圆的圆周速度相等，所以齿轮啮合时两节圆在做纯滚动。

注意：节圆是一对齿轮传动时出现了节点以后才存在的，单个齿轮不存在节点，也就不存在节圆。而且如果两轮的中心 O_1、O_2 发生改变，两轮节圆的大小也将随之改变。

齿轮传动中，齿廓在除节点外的其他点上，沿公切线上的分速度并不相等，故两齿廓沿切向必将产生相对滑动，且啮合点 K 离节点越远，滑动速度越大。

2. 啮合角和传力方向恒定

由上述可知，一对渐开线齿廓在任何位置啮合时，过啮合点的齿廓公法线都是同一条直线 N_1N_2。这说明一对渐开线齿廓从开始啮合到脱离啮合，所有的啮合点均在 N_1N_2 线上。因此，N_1N_2 线是两齿廓啮合点的轨迹，N_1N_2 线叫做渐开线齿轮传动的啮合线。啮合线 N_1N_2 与两轮节圆公切线 $t-t$ 之间所夹的锐角称为啮合角，用 α'表示。由图 5－7 可知，啮合角在数值上等于渐开线在节圆处的压力角。由于 N_1N_2 位置固定，因此啮合角 α'恒定。啮合线 N_1N_2 又是啮合点的公法线，而齿轮啮合传动时其正压力是沿公法线方向的，故齿廓间的正压力方向（即传力方向）恒定，这对齿轮的平稳传动是很有益的。

至此可知，啮合线、公法线、压力线和基圆的内公切线四线重合，为一定直线。

3. 中心距可分性

由式（5－12）可知，渐开线齿轮的传动比等于两轮基圆半径的反比。齿轮在加工完成后，基圆半径就确定了。当两轮的中心距由于制造、安装的误差以及在运转过程中轴的变形、轴承的磨损等原因，使得实际值与设计值有所偏差时，也不会改变传动比。渐开线齿轮传动的这一特性称为中心距可分性。它为齿轮的设计、制造和安装带来了很大方便，也是渐开线齿轮传动得到广泛应用的重要原因。

中心距变化以后，两轮的节圆半径也随之变化，但它们的比值将保持不变。

六、渐开线直齿圆柱齿轮的正确啮合条件

两齿轮在啮合过程中，每对轮齿仅啮合一段时间便要分离，而由后一对轮齿接替。接替时在啮合线上至少应保证同时有两对齿廓啮合。图 5－8（a）所示为一对渐开线齿

轮正在进行啮合传动。该图说明，当轮 1 上的相邻两齿同侧齿廓在 N_1N_2 线上的 K、K'点参与啮合时，要求轮 2 上与之啮合的两同侧齿廓在 N_1N_2 线上的交点必须与 K、K'重合（因为齿廓只有在啮合线上的点才能参与啮合），否则将出现相邻两齿廓在啮合线上不接触［如图 5－8（b）所示］或重叠的现象［如图 5－8（c）所示］，而无法正常啮合传动。

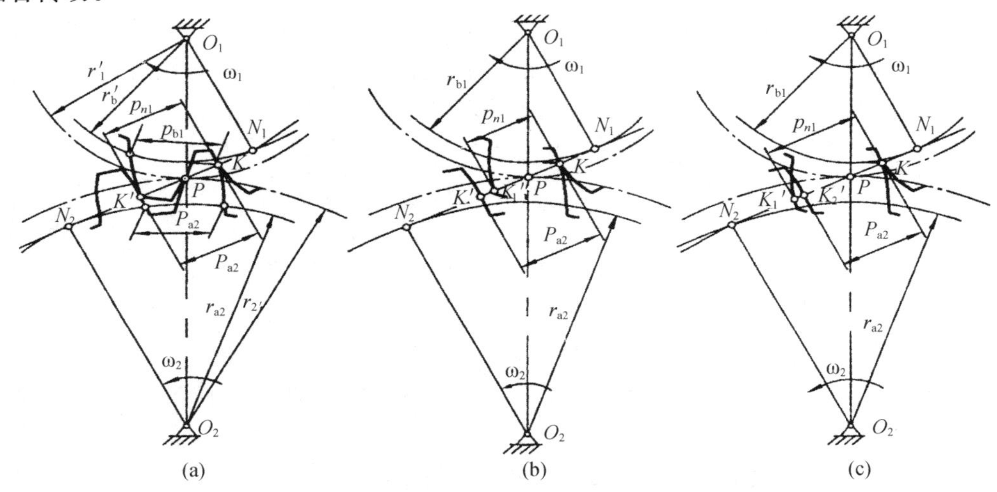

图 5－8　渐开线齿轮的正确啮合条件

由此可知，要使两齿轮正确啮合，它们的相邻两齿同侧齿廓在啮合线上的长度（称为法向齿距 p_n）必须相等，即 $p_{n1}=p_{n2}$。由渐开线的性质可知，齿轮的法向齿距 p_n 等于其基圆齿距 p_b，所以有

$$p_{b1}=p_{b2}$$

而

$$p_{b1}=\frac{\pi d_{b1}}{z_1}=\frac{\pi d_1}{z_1}\cos\alpha_1=\pi m_1\cos\alpha_1$$

同理

$$p_{b2}=\pi m_2\cos\alpha_2$$

故

$$m_1\cos\alpha_1=m_2\cos\alpha_2$$

由于渐开线齿轮的模数和压力角均为标准值，所以两齿轮的正确啮合条件为

$$\begin{cases}m_1=m_2=m\\\alpha_1=\alpha_2=\alpha\end{cases}$$

即两齿轮的模数和压力角分别相等。

七、渐开线齿轮连续传动条件及重合度

齿轮传动是依靠两轮的轮齿依次啮合而实现的。如图 5－9（a）所示为一对渐开线齿轮啮合的情况。其中轮 1 为主动轮，轮 2 为从动轮。一对齿轮的啮合是从主动轮的齿根推动从动轮的齿顶开始的。初始啮合点是从动轮齿顶与啮合线的交点 B_2。随着啮合传动的进行，轮齿的啮合点将沿着线段$\overline{N_1N_2}$ 向 N_2 方向移动，同时主动轮齿廓上的啮

合点将由齿根向齿顶移动，从动轮齿廓上的啮合点将由齿顶向齿根移动。当啮合进行到主动轮的齿顶圆与啮合线的交点 B_1 时，两轮齿将脱离啮合。

B_1 点为轮齿啮合终止点。一对轮齿的啮点实际所走过的轨迹只是啮合线$\overline{N_1N_2}$ 上的一段$\overline{B_1B_2}$，故称$\overline{B_1B_2}$ 为实际啮合线，它由两轮齿顶圆截啮合线得到。若将两轮的齿顶圆加大，则 B_2、B_1 分别向 N_1、N_2 靠近，$\overline{B_1B_2}$ 线段变长。但因基圆内没有渐开线，所以两轮的齿顶圆不能超过 N_1 及 N_2 点。因此，啮合线$\overline{N_1N_2}$是理论上可能的最长啮合线段，称为理论啮合线段。N_1、N_2 为啮合极限点。

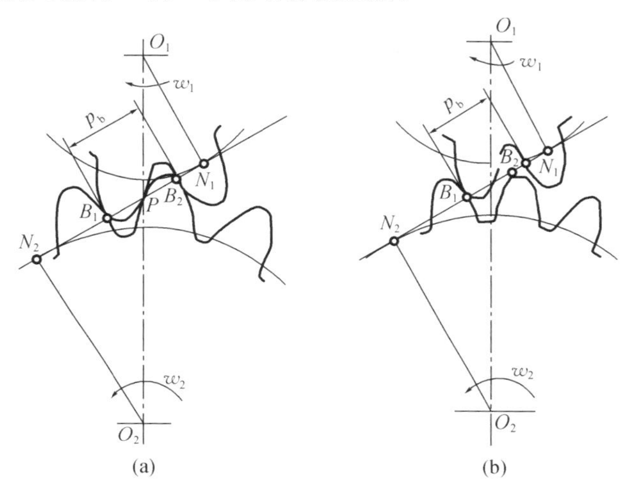

图 5－9 渐开线齿轮连续传动条件

由以上分析可知，若使齿轮连续传动，必须保证前一对轮齿在 B_1 点脱离啮合之前，后一对轮齿就已在 B_2 点进入啮合，如图 5－9（a）所示。当$\overline{B_1B_2}=P_b$ 时，传动刚好连续。但当$\overline{B_1B_2}<P_b$ 时传动不连续，如图 5－9（b）所示。若当$\overline{B_1B_2}\geqslant P_b$，则在实际啮合线$\overline{B_1B_2}$ 内，有时有一对齿啮合，有时有两对齿啮合，传动连续。通常把 B_1B_2 与 P_b 的比值 ε_a 称为齿轮传动的重合度。于是，可得齿轮连续传动的条件为

$$\varepsilon_a=\frac{\overline{B_1B_2}}{p_b}\geqslant 1$$

理论上 $\varepsilon_a=1$，就能保证一对齿轮连续传动。但由于齿轮制造和安装误差以及轮齿变形等原因，实际应使 $\varepsilon_a>1$。一般机械制造中 $\varepsilon_a=1.1\sim1.4$。对于 $\alpha=20°$、$h_a{}^*=1$ 的标准直齿圆柱齿轮有 $\varepsilon_{amax}=1.981$。

齿轮传动的重合度大小，实质上表明同时参与啮合的轮齿对数与啮合持续的时间比例。图 5－10 为 $\varepsilon_a=1.3$ 的情况，当前一对齿在 D 点啮合后，后一对齿在 B_2 点开始进入啮合。从此时至前一对齿到达 B_1 点，后一对齿到达 C 点为止（即啮合线上的 B_1D 和 CB_2），这区间是双齿啮合区，而在 CD 区间却只有一对齿啮合，是单齿啮合区。所以 $\varepsilon_a=1.3$ 表明在齿轮转过一个基圆齿距的时间内有 30％的时间是双齿啮合，70％的时间是单齿啮合。

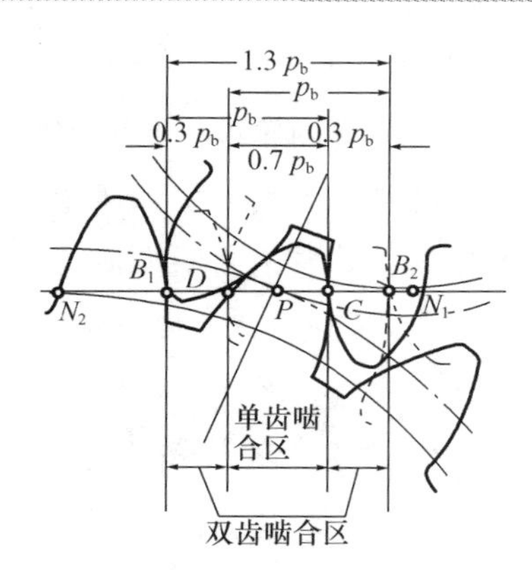

图 5－10　$\varepsilon_a=1.3$ **的含义**

齿轮传动的重合度越大，就意味着同时参与啮合的轮齿越多。这样，每对轮齿的受载就小，因而也就提高了齿轮传动的承载能力。故 ε_a 是衡量齿轮传动质量的指标之一。

八、齿轮传动的无侧隙啮合

1. 外啮合传动

在齿轮啮合传动时，为了避免齿轮反转产生空程和冲击，理论上要求齿轮传动为无侧隙啮合。因齿轮传动相当于一对节圆做纯滚动，这就要求相互啮合的两轮中一轮节圆的齿槽宽与另一轮节圆的齿厚相等，即齿侧间隙 $\Delta=e_1'-s_2'=0$。而对于标准齿轮只有分度圆上的齿厚等于齿槽宽，$s=e=\pi m/2$。所以若要保证无侧隙啮合，只有节圆与分度圆重合，此时 $e_1'=s_2'=e_1=s_2=\pi m/2$，$r_1'=r_1$，$r_2'=r_2$，$\alpha'=\alpha$。这种安装称为标准安装，此时的中心距为标准中心距。

$$a=r_1'+r_2'=r_1+r_2=\frac{1}{2}m\ (z_1+z_2)$$

由图 5－11（a）可知，标准安装时，两轮在径向方向的间隙为 c，称为标准顶隙。

必须指出，为了保证齿面润滑，避免轮齿因摩擦发生热膨胀产生卡死现象及补偿加工误差等，在两轮的齿侧间应留有较小的侧隙，此侧隙一般在制造齿轮时由齿厚的偏差来保证，而在设计计算齿轮传动时仍按无侧隙计算。

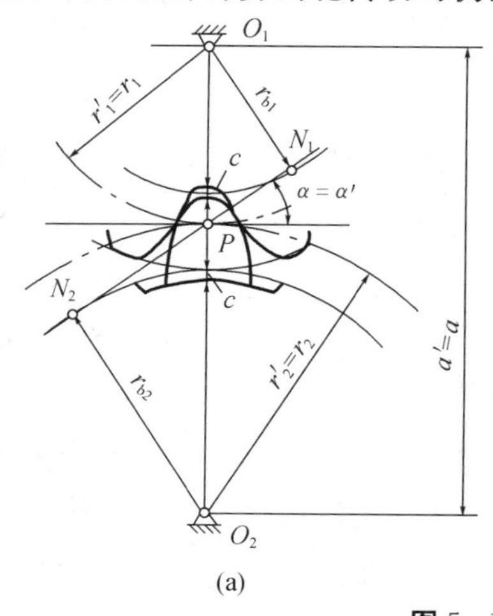

(a)

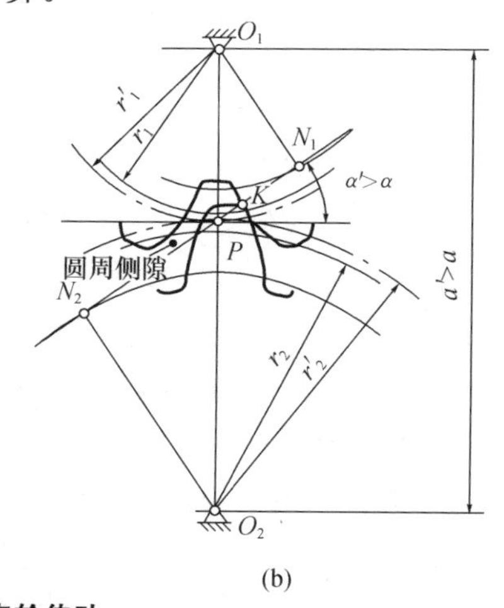

(b)

图 5－11　**外啮合齿轮传动**

由于齿轮的制造和安装的误差、轴的受载变形以及轴承磨损等原因，两轮的实际中心距 a'往往与标准中心距 a 不相等，这种安装称为非标准安装。图 5－11（b）所示为 $\alpha' > \alpha$ 的情况，这时两轮的分度圆不再相切而分离，节圆与分度圆亦不再重合，此时 $r_1' > r_1$，$r_2' > r_2$，$\alpha' > \alpha$。两轮中心距与啮合角的关系为

$$a' = r_1' + r_2' = \frac{r_{b1}}{\cos\alpha'} + \frac{r_{b2}}{\cos\alpha'} = (r_1 + r_2)\frac{\cos\alpha}{\cos\alpha'} = a\frac{\cos\alpha}{\cos\alpha'} \tag{5-13}$$

2. 齿轮齿条啮合

图 5－12 所示为齿轮与齿条的啮合情况。啮合线$\overline{N_1N_2}$与齿轮的基圆相切于 N_1 点。并垂直于齿条的直线齿廓。由于齿条的基圆半径为无穷大，N_2 在无穷远处，过齿轮中心且与齿条分度线垂直的直线与啮合线的交点 P 即为传动的节点。齿轮齿条啮合时，相当于齿轮的节圆与齿条的节线做纯滚动。

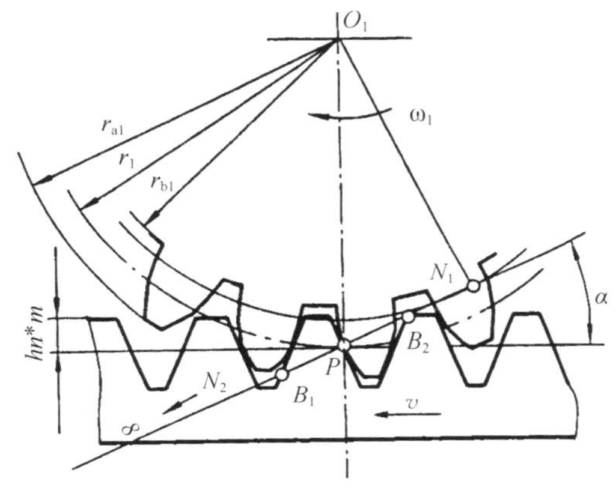

图 5－12　**齿轮齿条啮合**

齿轮与齿条标准安装时，齿轮的分度圆与齿条的分度线相切，所以齿轮的节圆与分度圆重合，齿条的节线与分度线也重合，啮合角等于齿轮分度圆的压力角，也等于齿条的齿形角。当齿条远离或靠近齿轮时（相当于中心距改变），由于啮合线 N_1N_2 既要切于基圆又要保持与齿条的直线齿廓相垂直，故其位置不变，节点位置也不变，啮合角不变。所以齿轮与齿条啮合传动时，不论是否标准安装，齿轮的分度圆永远与节圆重合，啮合角恒等于齿形角（也就是齿轮分度圆的压力角）。但在非标准安装时，齿条的节线与分度线是不重合的。

例 5－2　一对啮合齿轮传动，齿数 $z_1 = 30$，$z_2 = 40$，模数 $m = 20$ mm，压力角 $\alpha = 20°$，齿顶高系数 $h_a^* = 1$。当中心距 $\alpha' = 725$ mm 时，求啮合角 α'；如 $\alpha' = 22°30'$时，求中心距 a'及传动时两节圆半径 r_1'、r_2'。

解：因 $a = \frac{m}{2}(z_1 + z_2) = \frac{20}{2}(30 + 40) = 700$（mm）

由式（5－8）知 $\cos\alpha' = \frac{a}{a'}\cos\alpha$

当 $a' = 725$ mm 时，则

$$\alpha' = \arccos\left(\frac{a}{a'}\cos\alpha\right) = \arccos\left(\frac{700}{725} \times \cos 20°\right) = 24°52'$$

若 $\alpha'=22°30'$，则

$$a'=a\frac{\cos\alpha}{\cos\alpha'}=700\times\frac{\cos20°}{\cos22°30'}=711.98\ (\text{mm})$$

由于 $a=r_1'+r_2'=711.98$ mm 且 $\frac{r_2'}{r_1'}=\frac{z_2}{z_1}=\frac{40}{30}$，所以得

$$\begin{cases}r_1'=305.13\ (\text{mm})\\ r_2'=406.84\ (\text{mm})\end{cases}$$

九、渐开线齿轮的加工方法与根切现象

1. 渐开线齿轮的加工方法

切制渐开线齿轮的方法根据原理不同，分为仿形法和范成法两种。

（1）仿形法。仿形法是在普通铣床上用轴向剖面形状与齿轮齿槽形状一致的铣刀直接在齿轮毛坯上加工出齿形的方法，如图 5－13 所示。加工时，先切出一个齿槽，然后用分度头将坯转过 $360°/z$，再加工第 2 个齿槽，依次进行，直到加工出全部齿槽。

常用的刀具有盘状铣刀［如图 5－13（a）］和指状铣刀［如图 5－13（b）］两种。

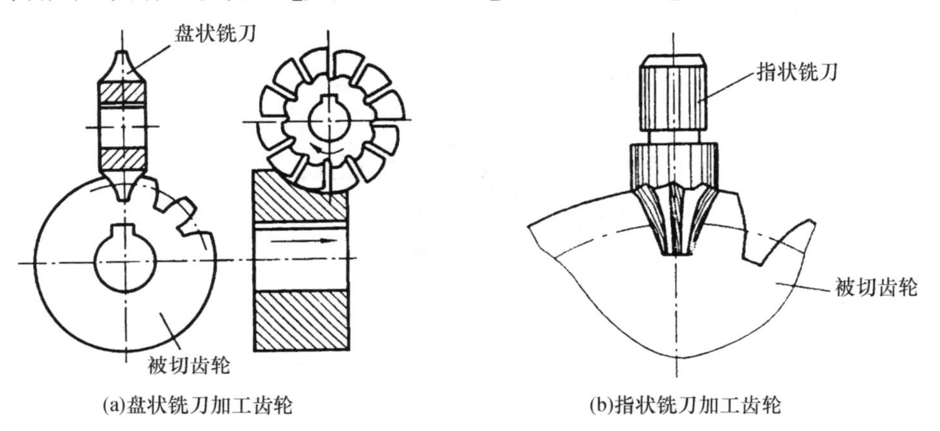

(a)盘状铣刀加工齿轮　(b)指状铣刀加工齿轮

图 5－13　仿形法加工齿轮

由于渐开线齿廓的形状取决于基圆的大小，而基圆半径 $r_b=(mz\cos\alpha)/2$，故齿廓形状与 m、z、α 有关。要加工精确的齿廓，即使在相同 m 及 α 的情况下，不同齿数的齿轮也需要不同的铣刀，这在实际上是做不到的。所以，工程中在加工同样 m 及 α 的齿轮时，根据齿轮齿数的不同，一般只备 1 至 8 号八种齿轮铣刀。各号齿轮铣刀切制齿轮的齿数范围见表 5－3。因铣刀的号数有限，故用这种方法加工出来的齿轮齿廓通常是近似的，而且分度的误差也会影响齿轮的精度，加之加工也不连续，因此，仿形法切制齿轮的生产效率低，精度差，但因其加工方法简单，不需要齿轮加工专用机床，成本低，所以常用在修配或精度要求不高的小批量生产中。

表 5－3　齿轮铣刀切制齿轮的齿数范围

刀号	1	2	3	4	5	6	7	8
加工齿数范围	12～13	14～16	17～20	21～25	26～34	35～54	55～134	135 以上

（2）范成法。范成法是利用一对齿轮（或齿轮与齿条）啮合时，两轮齿廓互为包

络线的原理来切制轮齿的加工方法。将其中一个齿轮（或齿条）制成刀具，当它的节圆（或齿条刀具节线）与被加工轮坯的节圆做纯滚动时（该运动是由加工齿轮的机床提供的，称为范成运动），刀具在与轮坯相对运动的各个位置，切去轮坯上的材料，留下刀具的渐开线齿廓外形，轮坯上刀具的各个渐开线齿廓外形的包络线，便是被加工齿轮的齿廓。

范成法切制齿轮时，常用的刀具有齿轮插刀、齿条插刀和齿轮滚刀，如图 5－14 所示。用此方法加工齿轮，只要刀具和被加工齿轮的模数 m 和压力角 α 相等，则不管被加工齿轮的齿数是多少，都可以用同一把刀具来加工。这给生产带来很大的方便，故范成法得到广泛应用。

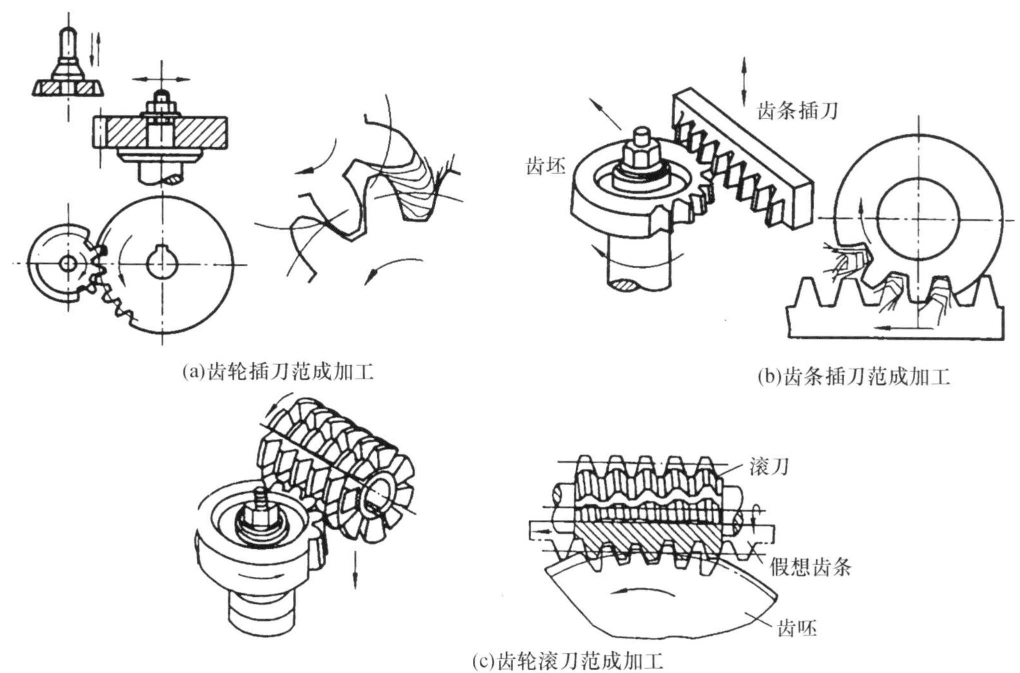

(a)齿轮插刀范成加工　(b)齿条插刀范成加工　(c)齿轮滚刀范成加工

图 5－14　范成法加工齿轮

2. 渐开线齿轮的根切现象及最少齿数

（1）根切现象。用范成法加工齿轮时，若刀具的齿顶线（或齿顶圆）超过理论啮合极限点 N_1 时，切削刃会把齿轮齿根附近的渐开线齿廓切去一部分，这种现象称为根切，如图 5－15 中的虚线所示。轮齿的根切一方面削弱了轮齿的弯曲强度；另一方面，由于齿廓渐开线的工作长度缩短，导致实际啮合线$\overline{B_1B_2}$缩短，使齿轮传动的重合度下降，影响传动的平稳性，这对传动十分不利。因此，应当避免产生根切。

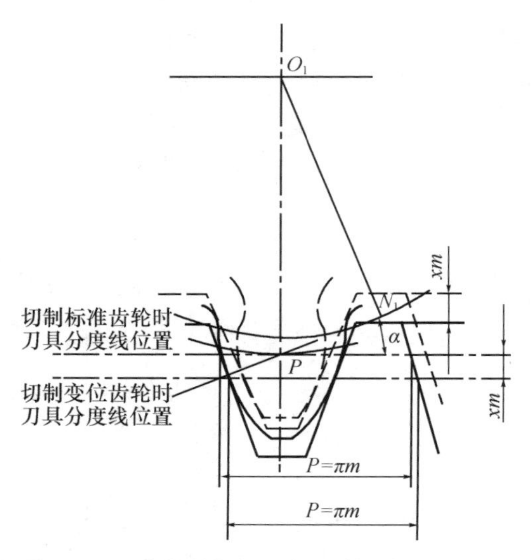

图 5—15 齿轮的根切现象及变位齿轮的切制

(2) 最少齿数。由上述可知，若要避免在切制标准齿轮时产生根切，在保证刀具的分度线与轮坯分度圆相切的前提下，还必须使刀具的齿顶线不超过 N_1 点（如图 5—16 所示），即

$$h_a^* m \leqslant N_1 M$$

而
$$N_1 M = PN_1 \sin\alpha = r\sin^2\alpha = \frac{mz}{2}\sin^2\alpha$$

整理后得出
$$z \geqslant \frac{2h_a^*}{\sin^2\alpha}$$

即
$$z_{\min} = \frac{2h_a^*}{\sin^2\alpha} \qquad (5-14)$$

因此，当 $\alpha=20°$、$h_a{}^*=1$ 时，标准直齿圆柱齿轮不根切的最少齿数 $z_{\min}=17$。

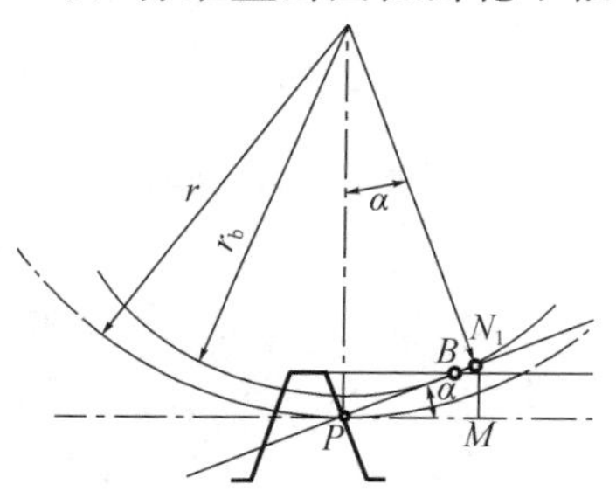

图 5—16 避免根切的条件

十、渐开线直齿圆柱齿轮传动的设计

1. 常见的失效形式

齿轮传动的失效，主要是指轮齿的失效。常见的轮齿失效形式有以下五种：

(1) 轮齿折断。轮齿折断一般发生在齿根处。因为轮齿好像一个悬臂梁，受载后轮齿根部的弯曲应力最大，再加上齿根过渡部分的截面突变及加工刀痕等引起的应力集中作用，当轮齿反复受载时，齿根部分在交变弯曲应力的作用下将产生疲劳裂纹，并逐渐

扩展，致使轮齿折断。这种折断称为疲劳折断，如图 5－17（a）所示。

轮齿短时严重过载也会发生轮齿折断，称为过载折断。

对于齿宽大而载荷沿齿向分布不均匀的齿轮、接触线倾斜的斜齿轮和人字齿轮，会造成轮齿局部折断，如图 5－17（b）所示。

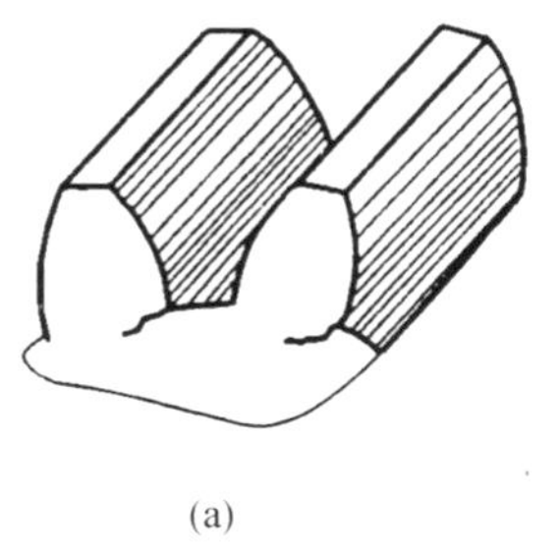

(a)

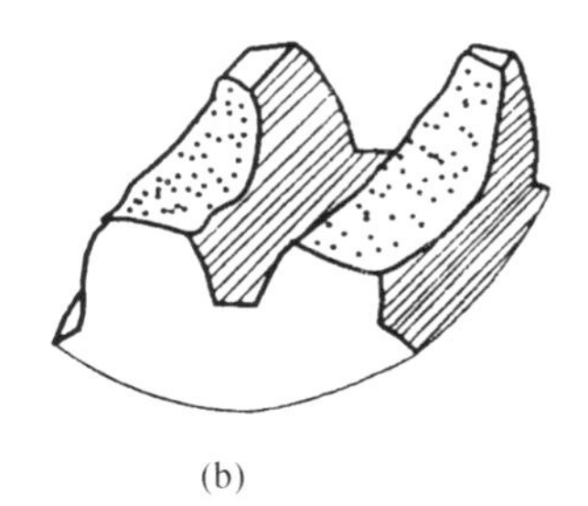

(b)

图 5－17　**轮齿折断**

提高轮齿抗折断能力的措施很多，如增大齿根过渡圆角，消除该处的加工刀痕以降低应力集中；增大轴及支承的刚度，以减少齿面上局部受载的程度；使轮齿芯部具有足够的韧性；在齿根处施加适当的强化措施（如喷丸）等。

（2）齿面磨损。因轮齿在啮合过程中存在相对滑动，当其工作面间进入硬屑粒（如砂粒、铁屑等）时，将引起磨粒磨损，如图 5－18 所示。磨损将破坏渐开线齿形，齿侧间隙加大，引起冲击和振动。严重时会因轮齿变薄，抗弯强度降低而折断。

齿面磨损是开式传动的主要失效形式。采用闭式传动、提高齿面硬度、减少齿面粗糙度及采用清洁的润滑油等都可以减轻齿面磨损。

（3）齿面点蚀。轮齿进入啮合后，齿面接触处会产生接触应力，在这种脉动循环的接触应力作用下，轮齿的表面会产生细微的疲劳裂纹，随着应力循环次数的增加，裂纹逐渐扩展，致使表层金属微粒剥落，形成小麻点或较大的凹坑，这种现象称为齿面点蚀，如图 5－19 所示。齿轮在啮合传动中，因轮齿在节线附近啮合时，往往是单齿啮合，接触应力较大，且此处轮齿间的相对滑动速度小，润滑油膜不易形成，摩擦力较大，故齿面点蚀一般是首先发生在节线附近的齿根表面上，然后再向其他部位扩展。

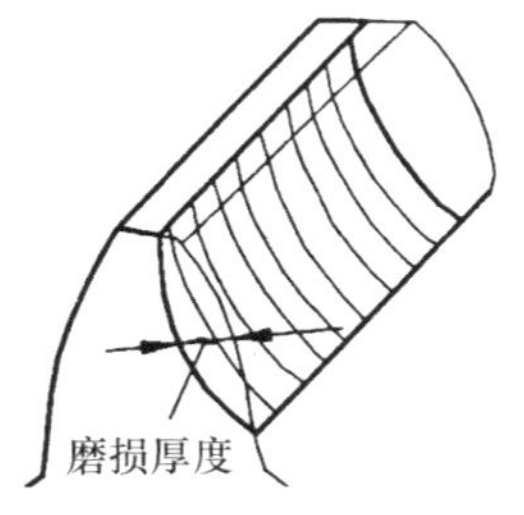

图 5－18　**齿面磨损**

图 5－19　**齿面点蚀**

闭式传动中的软齿面较易发生齿面点蚀。齿面点蚀严重影响传动的平稳性，并产生振动和噪声，以致齿轮不能正常工作。

提高齿面硬度和润滑油的粘度，降低齿面粗糙度值等均可提高轮齿抗疲劳点蚀的能力。

在开式齿轮传动中，由于齿面磨损较快，一般不会出现齿面点蚀。

(4) 齿面胶合。齿面胶合是一种严重的粘着磨损现象。在高速重载的齿轮传动中，齿面间的高压、高温使润滑油粘度降低，油膜破坏，局部金属表面直接接触并互相粘连（熔焊）在一起，继而又被撕开而形成沟纹，如图5－20所示，这种现象称为齿面胶合。低速重载的齿轮传动，因速度低不易形成油膜，且啮合处的压力大，使齿面间的表面油膜遭到破坏而产生粘着，也会出现齿面胶合。

提高齿面硬度和降低表面粗糙度的值，限制油温、增加油的粘度，选用加有抗胶合添加剂的合成润滑油等方法，将有利于提高轮齿齿面抗胶合的能力。

(5) 塑性变形。当轮齿材料较软且载荷较大时，轮齿表层材料在摩擦力作用下，因屈服将沿着滑动方向产生局部的齿面塑性变形，导致主动轮齿面节线附近出现凹沟，从动轮齿面节线附近出现凸棱，如图5－21所示。从而使轮齿失去正确的齿形，影响齿轮的正常啮合。

提高齿面硬度，采用粘度较高的润滑油，都有助于防止轮齿产生塑性变形。

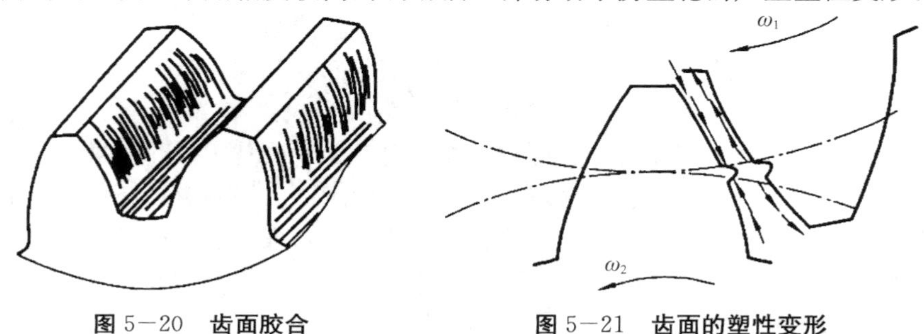

图5－20　齿面胶合　　图5－21　齿面的塑性变形

2. 齿轮材料的选择

(1) 齿轮材料的基本要求。由轮齿的失效分析可知，对齿轮材料的基本要求为：①齿面应有足够的硬度，以抵抗齿面磨损、点蚀、胶合以及塑性变形等；②齿芯应有足够的强度和较好的韧性，以抵抗齿根折断和冲击载荷：③应有良好的加工工艺性能及热处理性能，使之便于加工且便于提高其力学性能。最常用的齿轮材料是钢，此外还有铸铁及一些非金属材料等。

(2) 齿轮常用材料及热处理。最常用的齿轮材料是锻钢，如各种碳素结构钢和合金结构钢。只有当齿轮的尺寸较大（$d_a>400\sim600$ mm）或结构复杂不容易锻造时，才采用铸钢。在一些低速轻载的开式齿轮传动中，也常采用铸铁齿轮；在高速小功率、精度要求不高或需要低噪音的特殊齿轮传动中，也可采用非金属材料。

齿轮常用材料及其力学性能如表5－4所示。

表 5－4　齿轮的常用材料及其力学性能

材料	牌号	热处理	硬度	强度极限 σ_b/MPa	屈服极限 σ_s/MPa	应用范围
优质碳素钢	45	正火 调质 表面淬火	169～217HBS 217～255HBS 48～55HRC	580 650 750	290 360 450	低速轻载 低速中载 低速中载或低速重载，冲击很小
	50	正火	180～220HBS	620	320	低速轻载
合金钢	40Cr	调质 表面淬火	240～260HBS 48～55HRC	700 900	550 650	中速中载 高速中载，无剧烈冲击
	42SiMn	调质 表面淬火	217～269HBS 45～55HRC	750	470	高速中载，无剧烈冲击
	20Cr	渗碳淬火	56～62HRC	650	400	高速中载，承受冲击
	20CrMnTi	渗碳淬火	56～62HRC	1 100	850	
铸钢	ZG310～570	正火 表面淬火	160～210HBS 40～50HRC	570	320	中速、中载、大直径
	ZG240～640	正火 调质	170～230HBS 240～270HBS	650 700	350 380	
球墨铸铁	QT600～2 QT500～3	正火	220～280HBS 147～241HBS	600 500		低、中速轻载，有小的冲击
灰铸铁	HT200 HT300	人工时效 （低温退火）	170～230HBS 187～235HBS	200 300		低速轻载，冲击很小

3. 设计准则

（1）对于闭式齿轮传动：

①软齿面（≤350HBS）齿轮主要失效形式是齿面点蚀，故可按齿面接触疲劳强度进行设计计算，按齿根弯曲疲劳强度校核。

②硬齿面（＞350HBS）或铸铁齿轮，由于抗点蚀能力较强，轮齿折断的可能性较大，故可按齿根弯曲疲劳强度进行设计计算，按齿面接触疲劳强度校核。

（2）对于开式齿轮传动：

传动中的齿轮，齿面磨损为其主要失效形式，故通常按照齿根弯曲疲劳强度进行设计计算，确定齿轮的模数，考虑磨损因素，再将模数增大 10%～20%，而无需校核接触强度。

4. 轮齿受力分析和计算载荷

（1）受力分析。为了计算齿轮的强度以及设计轴和轴承装置等，需要确定作用在轮齿上的力。图 5－22 所示为一对标准直齿圆柱齿轮啮合传动时的受力情况。如果忽略齿面间的摩擦力，将沿齿宽分布的载荷简化为齿宽中点处的集中力，则两轮齿面间的相互作用力应沿啮合点的公法线 N_1N_2 方向（图中的 F_{n1} 为作用于主动轮上的力）。为便于计算，将 F_{n1} 在节点 P 处分解为两个相互垂直的分力，即切于分度圆的圆周力 F_{t1} 和指向轮心的径向力 F_{r1}。其计算公式为：

$$\begin{cases} F_{t1}=\dfrac{2T_1}{d_1} \\ F_{r1}=F_{t1}\tan\alpha\sqrt{a^2+b^2} \\ F_{n1}=\dfrac{F_{t1}}{\cos\alpha} \end{cases} \tag{5-15}$$

式中：

T_1——小齿轮传递的转矩，单位为 N·mm，$T_1=9.55\times10^6P/n_1$；

P——传递的功率，单位为 kW；

n_1——小齿轮的转速，单位为 r/min；

d_1——小齿轮分度圆直径，单位为 mm；

α——压力角。

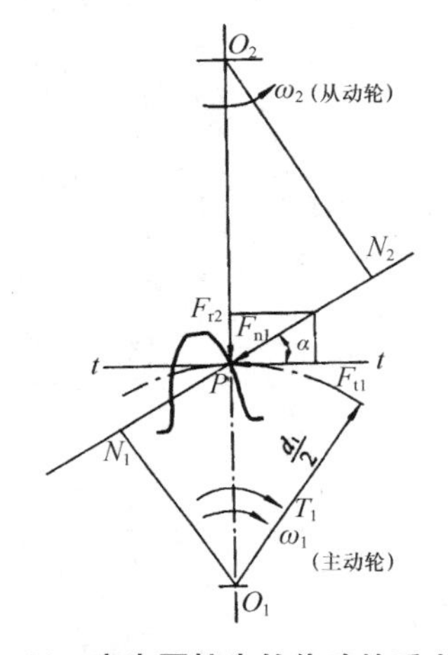

图 5－22　直齿圆柱齿轮传动的受力分析

作用在主动轮和从动轮上的各对力为作用力与反作用力，所以 $F_{t1}=-F_{t2}$，$F_{r1}=-F_{r2}$，$F_{n1}=-F_{n2}$。主动轮上的圆周力方向与转动方向相反，从动轮上的圆周力方向与转动方向相同。两个齿轮上的径向力分别指向各自的轮心。

（2）载荷计算。

上述受力分析是在载荷沿齿宽均匀分布及作用在齿轮上的外载荷能精确计算的理想条件下进行的。但实际运转时，由于轴和轴承变形、传动装置的制造、安装误差等原因，导致载荷沿齿宽不能均匀分布而引起载荷集中。此外，由于原动机和工作机的工作特性不同，齿轮制造误差以及齿轮变形等原因还会引起附加动截荷，从而使实际载荷大于理想条件下的载荷。因此，计算齿轮强度时，需引用载荷系数来考虑上述各种因素的影响，使之尽可能符合作用在轮齿上的实际载荷，通常按计算载荷 F_{nc} 进行计算。

$$F_{nc}=KF_n$$

式中：K——载荷系数，其值可由表 5－5 查取。

表 5－5　载荷系数 K

工作机械	载荷特性	原动机		
		电动机	多缸内燃机	单缸内燃机
均匀加料的运输机和加料机、轻型卷扬机、发电机、机床辅助传动	均匀、轻微冲击	1～1.2	1.2～1.6	1.6～1.8
不均匀加料的运输机和加料机、重型卷扬机、球磨机、机床主传动	中等冲击	1.2～1.6	1.6～1.8	1.8～2.0
冲床、钻床、轧机、破碎机、挖掘机	大的冲击	1.6～1.8	1.9～2.1	2.2～2.4

注：斜齿、圆周速度低、精度高、齿宽系数小、齿轮在两轴承间对称布置时取小值，直齿、周圆速度高、精度低、齿宽系数大、齿轮在两轴承间不对称布置时取大值。

5. 齿面接触疲劳强度计算

齿面点蚀是因为接触应力的反复作用而引起的。因此，为防止齿面过早产生疲劳点蚀，在强度计算时，应使齿面节线附近产生的最大接触应力小于或等于齿轮材料的接触疲劳许用应力。即

$$\sigma_H \leqslant [\sigma_H]$$

经推导整理可得标准直齿圆柱齿轮传动的齿面接触疲劳强度的校核公式为

$$\sigma_H = 335\sqrt{\frac{KT_1 (u \pm 1)^3}{ba^2 u}} \leqslant [\sigma_H] \tag{5-16}$$

式中：

σ_H——齿面的接触应力，单位为 MPa；

$[\sigma_H]$——齿轮材料的接触疲劳许用应力，单位为 MPa；

T_1——小齿轮传递的转矩，单位为 N · mm；

a——中心距，单位为 mm；

b——工作齿宽，单位为 mm；

u——齿数比，即大齿轮齿数与小齿轮齿数之比 $u = z2/z1$；

K——载荷系数，其值见表 5－5；

d_1——小齿轮分度圆直径，单位为 mm；

$\pm$——“+”用于外啮合齿轮传动，“—”用于内啮合齿轮传动。

为了便于设计计算，引入齿宽系数 $\psi_a = b/a$，并代入式（5－16）中，得到齿面接触疲劳强度的设计公式为：

$$a \geqslant (u \pm 1)\sqrt[3]{\frac{KT_1}{\psi_a u}\left(\frac{335}{[\sigma_H]}\right)^2} \tag{5-17}$$

应用上述公式时应注意以下几点：

（1）齿数比。齿数比恒大于 1，对于减速传动 $u = i$，对于增速传动 $u = 1/i$；对于一般单级减速传动，$i \leqslant 8$，常用范围 3～5，过大时，应采用多级传动，以避免外廓尺寸过大。

（2）齿宽系数。一般闭式齿轮传动，$\psi_a = 0.2 \sim 1.4$。

(3) 许用接触应力 $[\sigma_H]$ 大小齿轮的许用接触应力 $[\sigma_{H_1}]$、$[\sigma_{H_2}]$ 可按下式计算：

$$[\sigma_H]=\frac{\sigma_{Hlim}}{S_H} \tag{5-18}$$

式中：

σ_{Hlim}——实验齿轮的接触疲劳极限，数据由实验获得，按图 5－23 查取；

S_H——接触疲劳强度的安全系数，按表 5－6 查取。

(4) 两齿轮的齿面接触应力大小相等；若两轮材料齿面硬度不同，则两轮的接触疲劳许用应力不同，进行强度计算时应选用较小值。

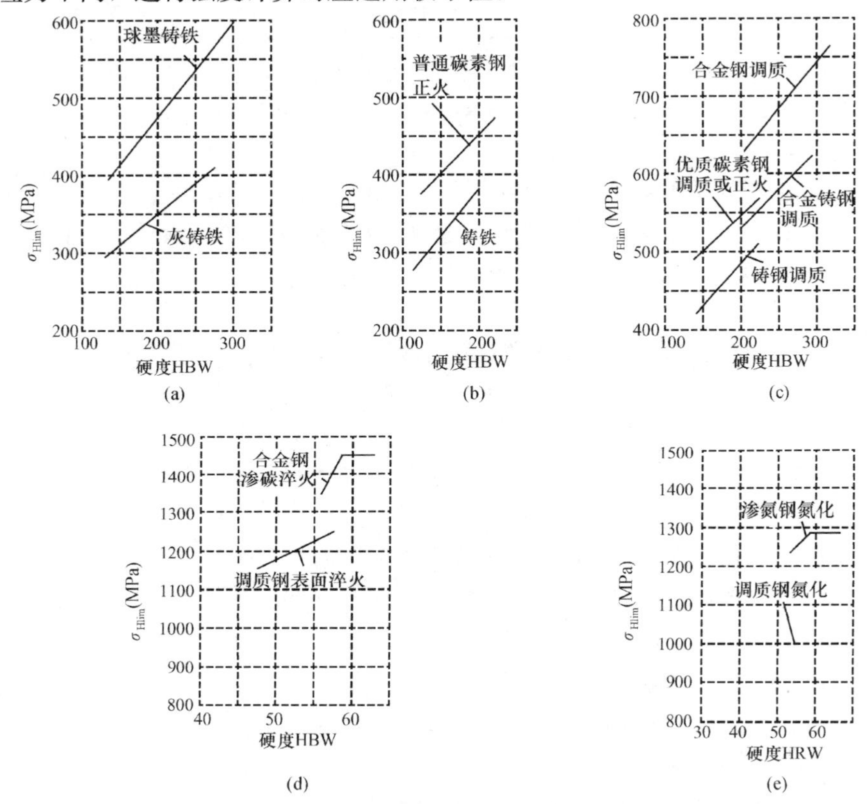

图 5－23　齿面接触疲劳极限 σ_{Hlim}

表 5－6　安全系数 S_H 和 S_F

安全系数	软齿面（≤350HBS）	硬齿面（>350HBS）	重要的传动、渗碳淬火齿轮或铸铁齿轮
S_H	1.0～1.1	1.1～1.2	1.3
S_F	1.3～1.4	1.4～1.6	1.6～1.2

6. 齿根弯曲疲劳强度计算

轮齿的疲劳折断主要与齿根弯曲应力的大小有关。为了防止轮齿疲劳折断，应使齿根最大的弯曲应力 σ_F 小于或等于齿轮材料的弯曲疲劳许用应力，即

$$\sigma_F \leqslant [\sigma_F]$$

在计算弯曲应力时，轮齿可视为宽度为 b 的悬臂梁（略去压缩应力，只考虑弯曲应

力)。假定全部载荷由一对齿承受，且载荷用于齿顶时，齿根部分产生的弯曲应力最大。而危险截面则认定是与轮齿齿廓对称线成30°角的两直线与齿根过渡曲线相切点连线的齿根截面，如图5－24所示AB。经推导可得齿根弯曲疲劳强度校核公式为

$$\sigma_F=\frac{2KT_1}{bm^2z_1}Y_F\leqslant[\sigma_F] \tag{5-19}$$

式中：

σ_F——齿面危险截面的最大弯曲应力，单位为MPa；

$[\sigma_F]$——齿轮材料的接触疲劳许用应力，单位为MPa；

Y_F——齿形系数，根据齿数由图5－25查取。

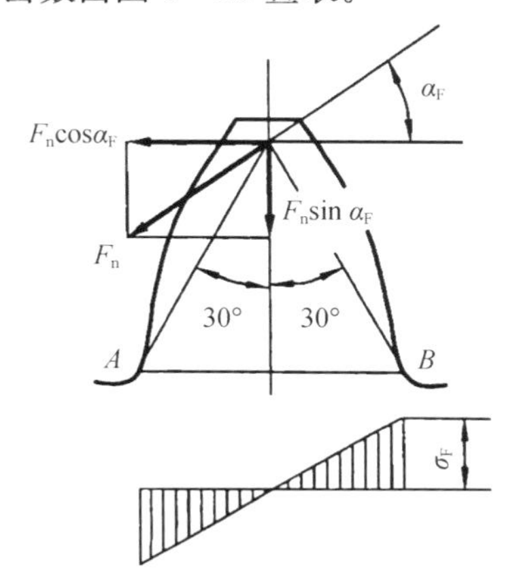

图5－24　轮齿的弯曲强度

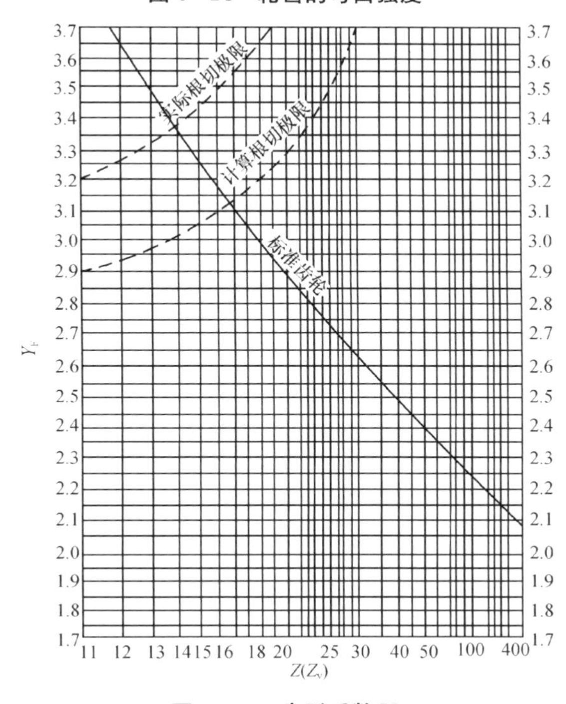

图5－25　齿形系数Y_F

将齿宽系数 $\psi_a=b/a$ 代入式（5－19），可得出齿根弯曲疲劳强度的设计公式为

$$m\geqslant\sqrt[3]{\frac{4KT_1\cdot Y_F}{\psi_a(u\pm1)\cdot z_1^2\cdot[\sigma_F]}}\tag{5-20}$$

m 计算后，按表 5－1 取标准值。

参数的选择和公式的说明：

（1）齿数和模数。

一般设计中取 $z>z_{min}$。齿数越多，重合度越大，传动越平稳，且能改善传动质量，减少磨损。当分度圆直径一定时，增加齿数，减小模数，就可降低齿高，减少金属切削量，节省制造费用。但模数减小，轮齿的弯曲强度降低。因此，设计时，在保证弯曲强度的前提下，应取较多的齿数。

在闭式软齿面齿轮传动中，其失效形式主要是齿面点蚀，而轮齿弯曲强度有较大的富余。因此，可取较多的齿数，通常 $z_1=20\sim40$。但对于传递动力的齿轮，应保证 $m\geqslant1.5\sim2$ mm。

在闭式硬齿面和开式齿轮传动中，其承载能力主要由齿根弯曲疲劳强度决定。为使轮齿不致过小，应适当减少齿数以保证有较大的模数 m，通常 $z_1=17\sim20$。

对于载荷不稳定的齿轮传动，z_1、z_2 应互为质数，以减少或避免周期性振动，有利于使所有轮齿磨损均匀，提高耐磨性。

（2）许用弯曲应力 $[\sigma_F]$。大小齿轮的许用弯曲应力 $[\sigma_{F_1}]$、$[\sigma_{F_2}]$ 可按下式计算：

$$[\sigma_F]=\frac{\sigma_{Flim}}{S_F}\tag{5-21}$$

式中：

σ_{Flim}——实验齿轮的齿根弯曲疲劳极限，数据由实验获得，按图 5－26 查取；

S_F——接触疲劳强度的安全系数，按表 5－6 查取。

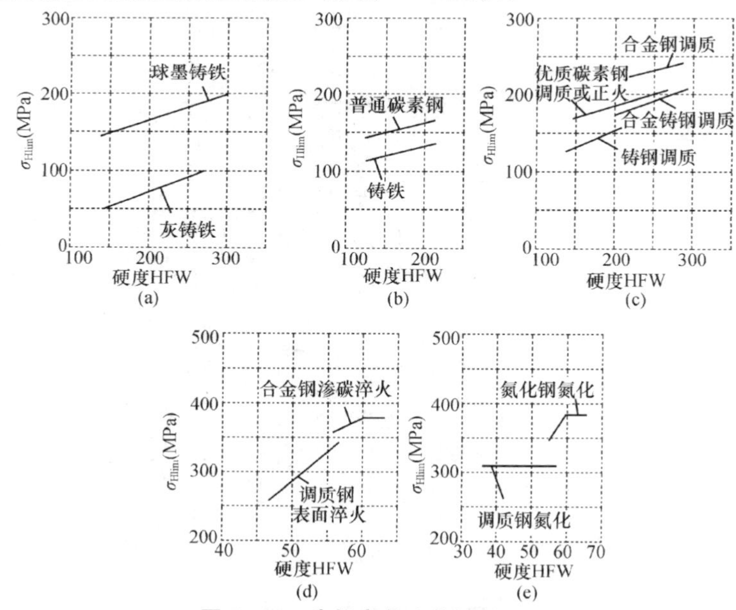

图 5－26　齿根弯曲疲劳极限 σ_{Flim}

通常两齿轮的齿形系数不相等，两齿轮的许用弯曲应力也不相等，$Y_{F1}/[\sigma_{F1}]$和$Y_{F1}/[\sigma_{F1}]$比值大者强度较弱。因此，计算时应将比值较大者代入式（5－20）。

【任务实施】

一、案例名称

设计一单级直齿圆柱齿轮减速器。已知传递功率 $P=6$ kW，电动机驱动，主动轮转速 $n_1=960$r/min，传动比 $i=2.5$，单向运转，载荷平稳，单班制工作。

二、实施步骤

（1）教师引入齿轮传动设计的主要内容。

（2）教师总结齿轮传动设计的设计步骤。

（3）学生独立完成单级标准直齿圆柱齿轮传动的设计过程。

三、齿轮传动设计的主要内容

选择齿轮材料和热处理方式，确定主要参数、几何尺寸、结构形式、精度等级，最后绘制零件工作图。

四、齿轮传动的设计步骤

1. 软齿面（硬度≤350HBS）闭式齿轮传动

（1）确定齿轮的材料和热处理方法，确定出大小齿轮的硬度值和许用应力。

（2）选择参数，如 ψ_a、K，按齿面接触疲劳强度设计公式计算中心距 a。

（3）确定齿数。确定小齿轮齿数时，首先应满足 $z_1\geqslant17$，一般取 $z_1=20\sim40$。转速较高时，取其中较大的值。按公式 $z_2=iz_1$ 计算出 z_2，并圆整为整数。

（4）按中心距 $a=[m(z_1+z_2)]/2$ 确定齿轮模数 m，在满足弯曲强度的条件下取较小的模数。

（5）齿宽。为了安装方便，一般小齿轮齿宽 b_1 比大齿轮齿宽 b_2 宽 5～10mm。

（6）据设计准则校核齿根弯曲疲劳强度。

（7）计算齿轮的几何尺寸。

（8）确定齿轮的结构尺寸。

（9）确定齿轮精度并绘制齿轮工作图。

2. 开式齿轮传动

（1）选择齿轮材料、热处理方式及精度等级，确定许用应力。

（2）选择参数（z、ψ_a 等），按弯曲疲劳强度计算公式计算模数，并将其增大10%～20%，再取成标准值。

（3）确定基本参数 m、z_1、z_2，计算中心距 a、齿宽及齿轮主要尺寸。

（4）确定齿轮的结构。

（5）绘制齿轮的零件工作图。

五、齿轮的结构设计

齿轮结构设计是合理选择齿轮的结构形式，确定齿轮的轮毂、轮辐、轮缘等各部分的尺寸及绘制齿轮的零件工作图。

1. 齿轮轴

如图 5－27 所示。

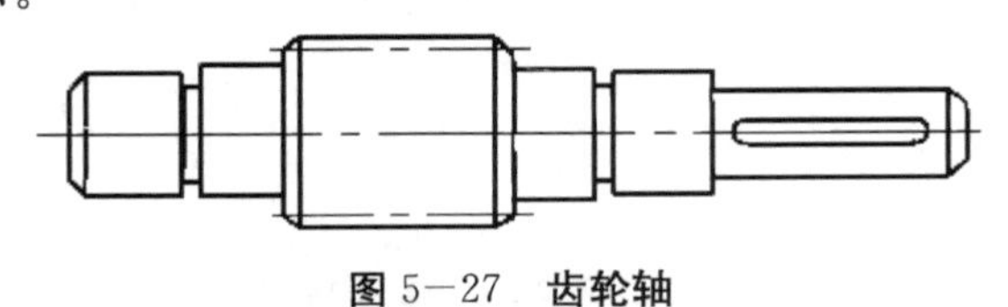

图 5—27 齿轮轴

2. 实体式齿轮

当齿轮的齿顶圆直径 $d_a \leqslant 200$ mm 时，可采用实体式结构，如图 5－28 所示。这种结构形式的齿轮常用锻钢制造。

图 5—28 实体式齿轮

图 5—29 腹板式齿轮

3. 腹板式齿轮

当齿轮的齿顶圆直径 $d_a = 200 \sim 500$ mm 时，可采用腹板式结构，如图 5－29 所示。这种结构的齿轮多用锻钢制造。

4. 轮辐式齿轮

当齿轮的齿顶圆直径 $d_a > 500$ mm 时，可采用轮辐式结构，如图 5－30 所示。这种结构的齿轮常用铸钢或铸铁制造。

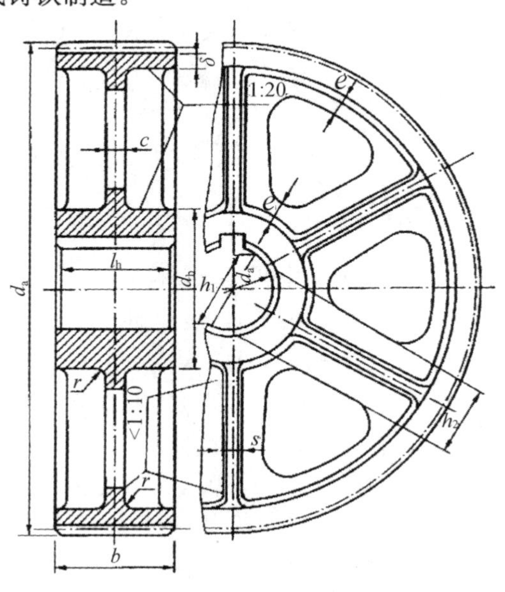

图 5—30 轮辐式齿轮

【拓展知识】

一、斜齿轮传动

1. 斜齿圆柱齿轮轮廓曲线的形成、啮合特点及应用

（1）斜齿圆柱齿轮轮廓曲线的形成。由于圆柱齿轮是有一定宽度的，因此轮齿的齿廓沿轴线方向形成一曲面。直齿轮轮齿渐开线曲面的形成如图 5－31（a）所示。平面与基圆柱相切于母线，当平面沿基圆柱作纯滚动时，其上与母线平行的直线 KK' 在空间所走过的轨迹即为渐开线曲面，平面称为发生面，形成的曲面即为直齿轮的齿廓曲面。

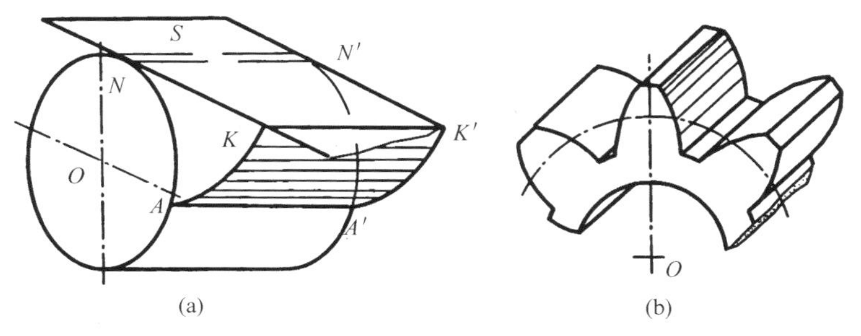

图 5－31　直齿圆柱齿轮渐开线齿廓曲面的形成与接触线

斜齿圆柱齿轮齿廓曲面的形成如图 5－32（a）所示，当平面沿基圆柱作纯滚动时，其上与母线成一倾斜角 β_b 的斜直线 KK' 在空间所走过的轨迹为渐开线螺旋面，该螺旋面即为斜齿圆柱齿轮齿廓曲面，β_b 称为基圆柱上的螺旋角。

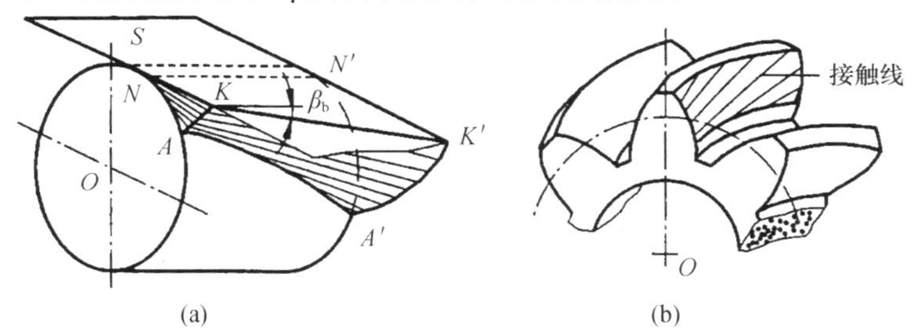

图 5－32　斜齿圆柱齿轮渐开线齿廓曲面的形成与接触线

（2）啮合特点。

直齿圆柱齿轮啮合时，齿面的接触线均平行于齿轮轴线，如图 5－31（b）所示。因此轮齿是沿整个齿宽同时进入啮合、同时脱离啮合的，载荷沿齿宽突然加上及卸下。因此直齿轮传动的平稳性较差，容易产生冲击和噪声，不适合用于高速和重载的传动中。

一对平行轴斜齿圆柱齿轮啮合时，斜齿轮的齿廓是逐渐进入啮合、逐渐脱离啮合的。如图 5－32（b）所示，斜齿轮齿廓接触线的长度由零逐渐增加，又逐渐缩短，直至脱离接触，载荷也不是突然加上或卸下的，因此斜齿轮传动工作较平稳。

（3）应用。

由于斜齿轮传动有上述这些特点，因而不论从受力或传动来说都要比直齿轮传动好，所以在高速大功率的传动中，斜齿轮传动应用广泛。但是，由于斜齿轮的轮齿是螺旋形的，因而比直齿轮传动要多一个轴向分力。

2. 斜齿圆柱齿轮的基本参数

斜齿轮的轮齿为螺旋形，在垂直于齿轮轴线的端面（下标以 t 表示）和垂直于齿廓螺旋面的法面（下标以 n 表示）上有不同的参数。斜齿轮的端面是标准的渐开线，但从斜齿轮的加工和受力角度看，斜齿轮的法面参数为标准值。

（1）螺旋角。

如图 5－33 所示为斜齿轮的分度圆柱及其展开图。分度圆柱上轮齿的螺旋线展开成一条斜直线，此斜直线与轴线的夹角 β 称为分度圆柱上的螺旋角，简称螺旋角。它表示轮齿的倾斜程度。基圆柱上的螺旋角用 β_b 表示。显然 β 与 β_b 大小不一样，其关系为

$$\tan\beta_b=\frac{d_b}{d}\tan\beta=\tan\beta\cdot\cos\alpha_t \quad (5-22)$$

式中：

α_t——斜齿轮端面压力角。

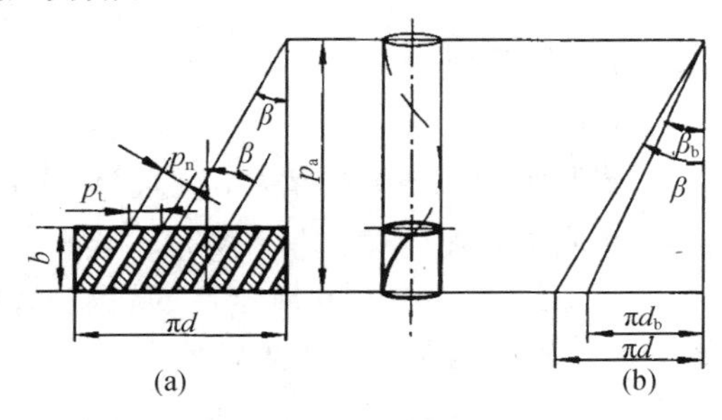

图 5－33　斜齿轮的分度圆柱及其展开图

斜齿轮按其齿廓螺旋线的旋向不同，分为左旋和右旋，如图 5－34 所示。

（2）模数。由图 5－33 可知，法面齿距 p_n 与端面齿距 p_t，的几何关系为 $p_n=p_t\cos\beta$，而 $p_n=\pi m_n$，$p_t=\pi m_t$。所以

$$m_n=m_t\cos\beta \quad (5-23)$$

（3）压力角。斜齿轮的法面压力角 α_n 和端面压力角 α_t 的关系，可用图 5－35 所示的斜齿条来导出。

$$\tan\alpha_n=\tan\alpha_t\cdot\cos\beta \quad (5-24)$$

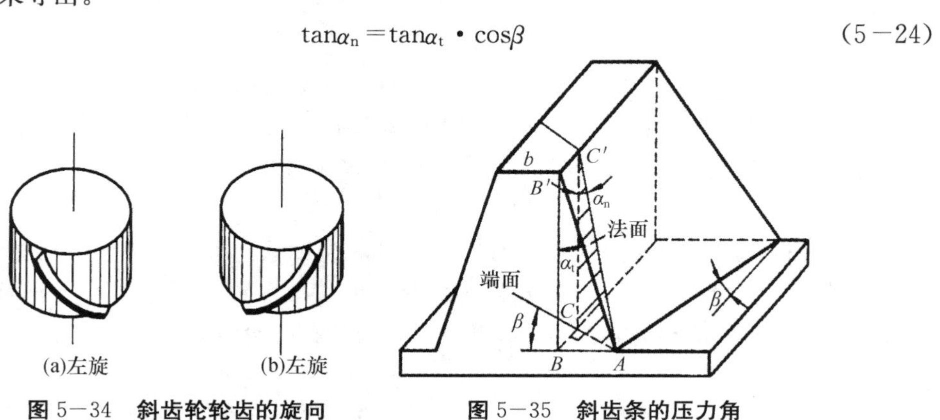

图 5－34　斜齿轮轮齿的旋向　　**图 5－35　斜齿条的压力角**

(4) 齿顶高系数及顶隙系数。斜齿轮的齿顶高和齿根高，不论从端面还是法面看都是相等的。即

$$h_{an}^{*}m_n = h_{at}^{*}m_t$$

$$c_n^{*}m_n = c_t^{*}m_t$$

将式 (5－23) 代入以上两式得

$$\begin{cases} h_{at}^{*} = h_{an}^{*}\cos\beta \\ c_t^{*} = c_n^{*}\cos\beta \end{cases} \tag{5－25}$$

式中：

$h_{an}{}^{*}$、$c_n{}^{*}$——法面齿顶高系数和顶隙系数（标准值）；

$h_{at}{}^{*}$、$c_t{}^{*}$——端面齿顶高系数和顶隙系数（非标准值）。

(5) 斜齿轮的几何尺寸计算。由于斜齿轮传动在端面上相当于一对直齿轮传动，因此，将斜齿轮的端面参数代入直齿轮的计算公式，就可得到斜齿轮的相应尺寸，如表5－7所示。

表5－7　外啮合标准斜齿圆柱齿轮传动的几何尺寸计算公式

名称	符号	计算公式
端面模数	m_t	$m_t = m_n/\cos\beta$，m_n 为标准值
端面压力角	α_t	$\alpha_t = \arctan(\tan\alpha_n/\cos\beta)$
分度圆直径	d	$d = m_t z = (m_n/\cos\beta)\,z$
齿顶高	h_a	$h_a = m_n h_{an}{}^{*}$
齿根高	h_f	$h_f = (h_{an}{}^{*} + c_n{}^{*})\,m_n$
全齿高	h	$h = h_a + h_f = (2h_{an}{}^{*} + c_n{}^{*})\,m_n$
齿顶圆直径	d_a	$d_a = d + 2h_a$
齿根圆直径	d_f	$d_f = d - 2h_f$
中心距	α	$\alpha = \frac{1}{2}(d_1 + d_2) = \frac{1}{2}m_t(z_1 + z_2) = \frac{m_n}{2\cos\beta}(z_1 + z_2)$

3. 正确啮合的条件

一对外啮合斜齿圆柱齿轮的正确啮合条件为两斜齿轮的法面模数和法面压力角分别相等，螺旋角大小相等，旋向相反。即

$$\begin{cases} m_{n1} = m_{n2} = m_n \\ \alpha_{n1} = \alpha_{n2} = \alpha_n \\ \beta_1 = -\beta_2 \text{（内啮合时 } \beta_1 = \beta_2\text{）} \end{cases}$$

二、圆锥齿轮传动

1. 直齿圆锥齿轮传动的特点及应用

圆锥齿轮传动是用于传递两相交轴之间的运动和动力，两轴间的夹角可以是任意的。圆锥齿轮的轮齿分布在圆锥表面上，如图5－36所示，从大端到小端逐渐收缩，轮齿有直齿和曲齿之分。机械传动中应用最多的是两轴交角$\Sigma = 90°$的直齿圆锥齿轮传动。

这里只讨论两轴交角$\Sigma=90°$的直齿圆锥齿轮传动。

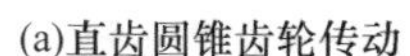
(a)直齿圆锥齿轮传动

(b)曲齿圆锥齿轮传动

图 5—36　圆锥齿轮传动

2. 直齿圆锥齿轮的基本参数

圆锥齿轮的齿形由大端向小端逐渐收缩。为计算和测量方便，规定大端参数为标准值。模数 m 见标准 GB 12368—90，压力角 $\alpha=20°$，齿顶高系数 $h_a{}^*=1$，顶隙系数 $c^*=0.2$。一对直齿圆锥齿轮传动的正确啮合条件：两齿轮大端的模数和压力角对应相等。

$$m_1=m_2=m$$

$$\alpha_1=\alpha_2=\alpha$$

3. 直齿圆锥齿轮的几何尺寸计算

对于$\Sigma=90°$的标准直齿圆锥齿轮传动（如图 5－37 所示），其基本尺寸计算如表 5－8 所示。国家标准规定，对于正常齿轮，大端上齿顶高系数 $h_a{}^*=1$，顶隙系数 $c^*=0.2$。

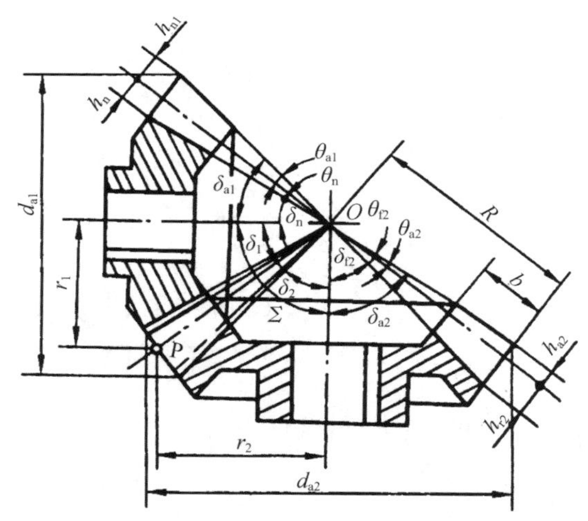

图 5—37　$\Sigma=90°$的直齿圆锥齿轮几何尺寸

表 5－8　标准直齿圆锥齿轮传动（$\Sigma=90°$）的主要几何尺寸计算公式

名称	符号	计算公式
分度圆锥角	δ	$\delta_1=\text{arccot}(z_2/z_1)$；$\delta_2=90°-\delta_1$
分度圆直径	d	$d_1=mz_1$；$d_2=mz_2$
齿顶高	h_a	$h_{a1}=h_{a2}=h_a{}^*m$
齿根高	h_f	$h_{f1}=h_{f2}=(h_a^*+c^*)m$

续表 5—8

名称	符号	计算公式
齿顶圆直径	d_a	$d_{a1}=d_1+2h_a\cos\delta_1$；$d_{a2}=d_2+2h_a\cos\delta_2$
齿根圆直径	d_f	$d_{f1}=d_1-2h_f\cos\delta_1$；$d_{f2}=d_2-2h_f\cos\delta_2$
锥距	R	$R=\frac{1}{2}\sqrt{d_1^2+d_2^2}$
齿宽	b	$b\leqslant R/3$
齿顶角	θ_a	$\theta_{a1}=\theta_{a2}=\arctan(h_a/R)$
齿根角	θ_f	$\theta_{f1}=\theta_{f2}=\arctan(h_f/R)$
齿顶圆锥角	δ_a	$\delta_{a1}=\delta_1+\theta_{a1}$；$\delta_{a2}=\delta_2+\theta_{a2}$
齿根圆锥角	δ_f	$\delta_{f1}=\delta_1-\theta_{f1}$；$\delta_{f2}=\delta_2-\theta_{f2}$
当量齿数	z_v	$z_{v1}=z_1/\cos\delta_1$；$z_{v2}=z_2/\cos\delta_2$

【自测题】

一、选择题与填空题

1. 一般开式齿轮传动的主要失效形式是________。

A. 齿面胶合　　B. 齿面疲劳点蚀

C. 齿面磨损或轮齿疲劳折断　　D. 轮齿塑性变形

2. 高速重载齿轮传动，当润滑不良时，最可能出现的失效形式是________。

A. 齿面胶合　　B. 齿面疲劳点蚀　　C. 齿面磨损　　D. 轮齿疲劳折断

3. 45 钢齿轮，经调质处理后其硬度值约为________。

A. 45～50HRC　　B. 220～270HBS

C. 160～180HBS　　D. 320～350HBS

4. 在直齿圆柱齿轮设计中，若中心距保持不变，而增大模数时，则可以________。

A. 提高齿面的接触强度　　B. 提高轮齿的弯曲强度

C. 弯曲与接触强度均可提高　　D. 弯曲与接触强度均不变

5. 一对圆柱齿轮传动，小齿轮分度圆直径 $d_1=50$ mm、齿宽 $b_1=55$ mm，大齿轮分度圆直径 $d_2=90$ mm、齿宽 $b_2=50$ mm，则齿宽系数 ψ_d 为________。

A. 1.1　　B. 5/9　　C. 1　　D. 1.3

6. 两个齿轮的材料的热处理方式、齿宽、齿数均相同，但模数不同，$m_1=2$ mm，$m_2=4$ mm，它们的弯曲承载能力________。

A. 相同　　B. m_2 的齿轮比 m_1 的齿轮大

C. 与模数无关　　D. m_1 的齿轮比 m_2 的齿轮大

7. 以下________的做法不能提高齿轮传动的齿面接触承载能力。

A. d 不变而增大模数　　B. 改善材料

C. 增大齿宽　　D. 增大齿数以增大 d

8. 一般开式齿轮传动中的主要失效形式是____________和____________。

9. 一般闭式齿轮传动中的主要失效形式是____________和____________。

10. 开式齿轮的设计准则是________________。

11. 对于闭式软齿面齿轮传动，主要按________强度进行设计，而按________强度进行校核，这时影响齿轮强度的最主要几何参数是________。

12. 对于开式齿轮传动，虽然主要失效形式是________，但目前尚无成熟可靠的计算方法，故按________强度计算。这时影响齿轮强度的主要几何参数是________。

13. 高速重载齿轮传动，当润滑不良时最可能出现的失效形式是________。

14. 在齿轮传动中，齿面疲劳点蚀是由于________的反复作用引起的，点蚀通常首先出现在________。

15. 在齿轮传动中，主动轮所受的圆周力 F_{t1} 与其回转方向________，而从动轮所受的圆周力 F_{t2} 与其回转方向________。

16. 设计闭式硬齿面齿轮传动时，当直径 d_1 一定时，应取________的齿数 z_1，使________增大，以提高轮齿的弯曲强度。

17. 一对齿轮传动，若两齿轮材料、热处理及许用应力均相同，而齿数不同，则齿数多的齿轮弯曲强度________；两齿轮的接触应力________。

二、问答题

1. 渐开线有哪些性质？举例说明渐开线性质的具体应用。

2. 齿轮上哪一点的压力角为标准值？哪一点的压力角最大？哪一点的压力角最小？

3. 何谓齿轮的分度圆？何谓节圆？两者的直径是否一定相等或一定不相等？

4. 分度圆具有什么特点？对齿轮几何尺寸的划分有什么作用？分度圆与节圆有什么不同？在什么条件下重合？

5. 齿形系数 Y_F 与什么参数有关？

6. 设计直齿圆柱齿轮传动时，其许用接触应力如何确定？设计中如何选择合适的许用接触应力值代入公式计算？

7. 什么是软齿面和硬齿面齿轮传动？齿轮传动的设计准则是什么？

8. 螺旋角的大小对斜齿轮传动的承载能力有何影响？

三、设计计算题

1. 一对标准外啮合直齿圆柱齿轮传动，已知 $z_1=19$，$z_2=68$，$m=2$ mm，$\alpha=20°$，计算小齿轮的分度圆直径、齿顶圆直径、齿根圆直径、基圆直径、齿距以及齿厚和齿槽宽。

2. 已知一对标准直齿圆柱齿轮的中心距 $a=120$ mm，传动比 $i=3$，小齿轮齿数 $z_1=20$。试确定这对齿轮的模数和分度圆直径、齿顶圆直径、齿根圆直径。

3. 备品库内有一标准直齿圆柱齿轮，已知齿数为 38，测得齿顶圆直径为 99.85 mm。现准备将它用在中心距为 112.5 mm 的传动中，试判断其可行性。如可行，试确定与之配对的齿轮齿数、模数、分度圆直径、齿顶圆直径和齿根圆直径。

4. 某车间技术改造需选配一对标准直齿圆柱齿轮，已知主动轴的转速 $n_1=400$ r/min，要求从动轴转速 $n_2=100$ r/min，两轮中心距为 100 mm，齿数 $z_1\geqslant17$。试确定这对齿轮的模数和齿数。

5. 在技术改造中拟使用两个现成的标准直齿圆柱齿轮。已测得齿数 $z_1=22$，$z_2=98$，小齿轮齿顶圆直径 $d_{a1}=240$ mm，大齿轮的全齿高 $h=22.5$ mm，试判断这两个齿轮能否正确啮合。

6. 设计单级齿轮减速器中的一对直齿圆柱齿轮，已知传递的功率为 4 kW，小齿轮转速 $n_1=450$ r/min，传动比 $i=3.5$，载荷平稳，使用寿命 5 年。

7. 已知一对斜齿圆柱齿轮传动，$m_n=4$ mm，$z_1=25$，$z_2=100$，$\beta=15°$，$\alpha=20°$。试计算这对斜齿轮的主要几何尺寸。

任务二　蜗杆传动机构

【任务描述】

蜗杆传动是一种齿轮传动形式，它由蜗杆和蜗轮组成，蜗杆传动主要用于传递空间交错的两轴之间的运动和动力，通常轴间交角为 90°。蜗杆传动具有传动比大而结构紧凑等优点，在各类机械中得到广泛使用。本任务主要熟悉蜗杆传动的特点及应用，圆柱蜗杆传动的设计计算和几何尺寸的设计计算，掌握蜗杆传动的失效形式、计算准则及常用材料。

【任务分析】

蜗杆传动是在齿轮传动的基础上发展起来的，它具有齿轮传动的某些特点，即在中间平面内的啮合情况与齿轮齿条的啮合相类似；但又区别于齿轮传动的特性，即其运动特性相当于一对螺旋副传动。蜗杆相当于单头或多头螺杆，蜗轮相当于一个“不完整的螺母”包在蜗杆上。当蜗杆本身轴线转动一周时，蜗轮相应转过一个或多个齿。

【知识与技能】

一、蜗杆传动的类型

蜗杆传动的分类，按蜗杆齿的旋向有左旋和右旋之分，按蜗杆的头数有单头和多头之分，按蜗杆相对蜗轮的位置有上置［图 5－38（a)］、下置［图 5－38（b)］和侧置之分。但蜗杆传动的分类主要按照蜗杆的形状不同，而分为圆柱蜗杆传动［图 5－38（a)］、环面蜗杆传动［图 5－38（b)］。圆柱蜗杆传动又分为普通圆柱蜗杆传动［图 5－38（a)］和圆弧齿圆柱蜗杆传动［图 5－38（c)］等。圆柱蜗杆传动的零件加工制造简单，环面蜗杆传动承载能力较强。其中普通圆柱蜗杆传动应用最广。

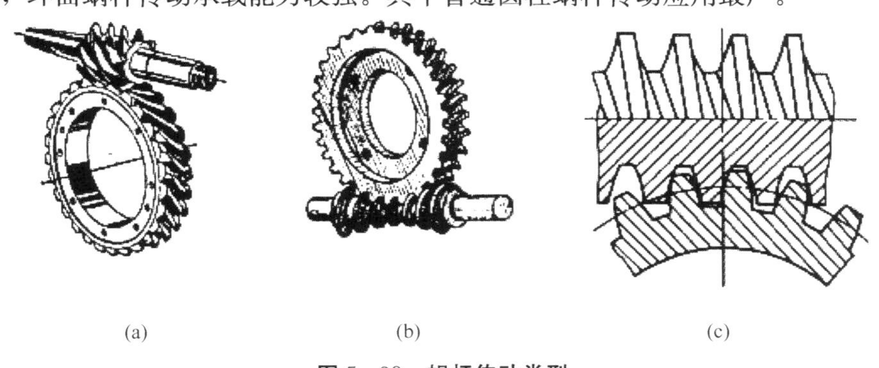

(a)　(b)　(c)

图 5－38　蜗杆传动类型

普通圆柱蜗杆传动中的蜗杆，按其螺旋面的形状不同，又可分为阿基米德圆柱蜗杆[ZA型，图5－39（a）]、渐开线圆柱蜗杆[ZI型，图5－39（b）]和法向直廓圆柱蜗杆[ZN型，图5－39（c）]。

这里主要介绍目前应用最广的阿基米德蜗杆传动。

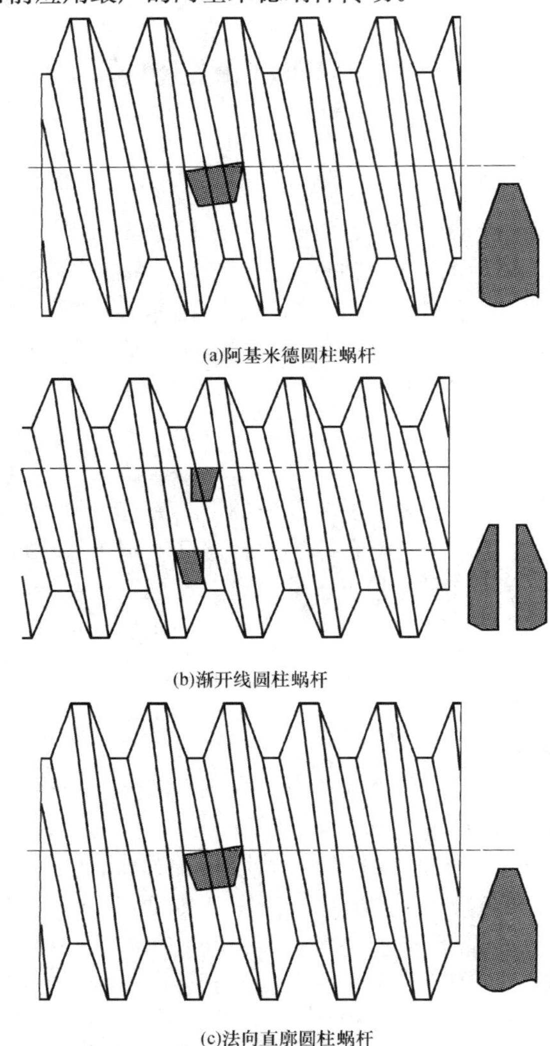

图5－39　普通圆柱蜗杆类型

二、蜗杆传动的特点

蜗杆传动与齿轮传动比较，具有下列特点：

（1）传动比大，结构紧凑。在动力传递中，传动比在8～100之间，在分度机构中传动比可以达到1 000。

（2）传动平稳、噪声低。由于蜗杆齿连续地与蜗轮齿相啮合，同时，蜗杆蜗轮啮合时为线接触，因此传动平稳、噪声低。

（3）具有自锁性。在一定条件下蜗杆传动可以实现自锁。

(4) 效率低。因为蜗杆蜗轮在啮合处有较大的相对滑动，因而磨损大，发热量大，效率低。

(5) 成本高。蜗轮齿圈部分经常用减磨性能好的有色金属（如青铜）制造，因此成本较高。

三、普通圆柱蜗杆传动的基本参数

普通圆柱蜗杆传动的主要参数有：模数 m、压力角 α、蜗杆头数 z_1、蜗轮齿数 z_2 和蜗杆的分度圆直径 d_1 等。进行蜗杆传动设计时，首先要正确地选择参数。这些参数之间是相互联系地，不能孤立地去确定，而应该根据蜗杆传动的工作条件和加工条件，考虑参数之间的相互影响，综合分析，合理选定。

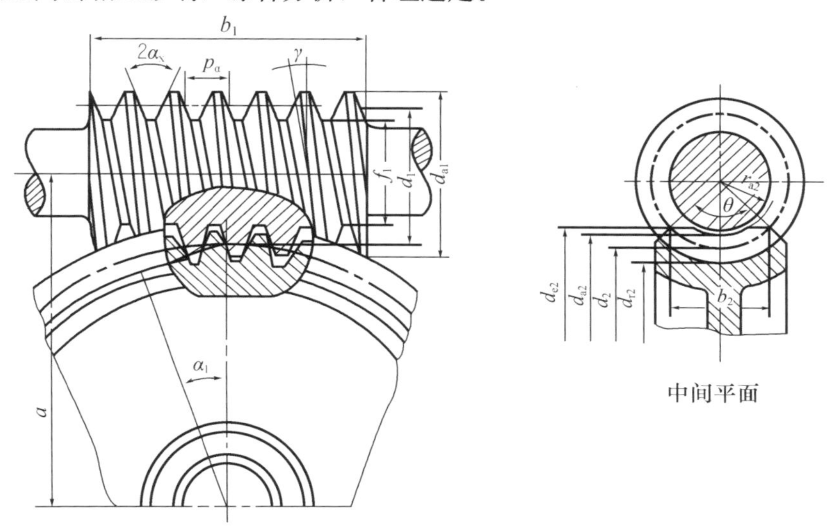

图 5－40　普通圆柱蜗杆传动的几何尺寸

1. 模数 m 和压力角 α

蜗杆传动的尺寸计算与齿轮传动一样，也是以模数作为计算的主要参数。因为在中间平面内，蜗杆的轴向模数和轴向压力角分别与蜗轮的端面模数和端面压力角相等，因此将中间平面内的模数和压力角规定为标准值，标准模数值如表 5－9 所示，标准压力角为 $\alpha=20°$。

2. 蜗杆的分度圆直径 d_1、直径系数 q 和导程角 γ

在蜗杆传动中，为了保证蜗杆与蜗轮的正确啮合，常用与蜗杆相同尺寸的蜗轮滚刀来加工与其配对的蜗轮。这样，只要有一种尺寸的蜗杆，就需要一种对应的蜗轮滚刀。对于同一模数，可以有很多不同直径的蜗杆，因而对每一模数就要配备很多蜗轮滚刀。显然，这样很不经济。

为便于标准化并减少蜗轮滚刀的规格和数量，GB 10089—88 中将蜗杆分度圆直径 d_1 规定为标准值，如表 5－9 所示，而把比值 d_1/m 称为蜗杆直径系数 q，即

$$q=\frac{d_1}{m} \tag{5-26}$$

或表示为

$$d_1 = mq$$

由于 d_1 与 m 均为标准值，故 q 为导出值。其值可查表 5－9。

表 5－9　普通蜗杆基本参数（$\sum=90°$）（GB 10085—88）

模数 m/mm	分度圆直径 d_1/mm	蜗杆头数 z_1	直径系数 q	m^2d_1/mm^3	模数 m/mm	分度圆直径 d_1/mm	蜗杆头数 z_1	直径系数 q	m^2d_1/mm^3
1	18	1	18.0	18	6.3	(80)	1，2，4	12.7	3 200
1.25	20	1	16.0	31		112	1	17.8	4 500
	22.4	1	17.9	35	8	(63)	1，2，4	7.9	4 000
1.6	20	1，2，4	12.5	51		80	1，2，4，6	10.0	5 100
	28	1	17.5	72		(100)	1，2，4	12.5	6 400
2	18	1，2，4	9.0	72		140	1	17.5	9 000
	22.4	1，2，4，6	11.2	90	10	71	1，2，4	7.1	7 100
	(28)	1，2，4	14.0	112		90	1，2，4，6	9.0	9 000
	35.5	1	17.8	142		(112)	1	11.2	11 200
2.5	(22.4)	1，2，4	9.0	140		160	1	16.0	16 000
	28	1，2，4，6	11.2	175	12.5	(90)	1，2，4	7.0	14 100
	(35.5)	1，2，4	14.2	222		112	1，2，4	9.0	17 500
	45	1	18.0	281		(140)	1，2，4	11.2	21 900
3.15	(28)	1，2，4	8.9	278		200	1	16.0	31 300
	35.5	1，2，4，6	11.2	352	16	(112)	1，2，4	7.0	28 700
	(45)	1，2，4	14.3	447		140	1，2，4	8.8	35 800
	56	1	17.8	556		(180)	1，2，4	11.3	46 100
4	(31.5)	1，2，4	7.9	504		250	1	15.6	64 000
	40	1，2，4，6	10.0	640	20	(140)	1，2，4	7.0	56 000
	(50)	1，2，4	12.5	800		160	1，2，4	8.0	64 000
	71	1	17.8	1 140		(224)	1，2，4	11.2	89 600
5	(40)	1，2，4	8.0	1 000		315	1	15.8	126 000
	50	1，2，4，6	10.0	1 250	25	(180)	1，2，4	7.2	112 500
	(63)	1，2，4	12.6	1 580		200	1，2，4	7.0	125 000
	90	1	18.0	2 250		(280)	1，2，4	11.2	175 000
6.3	(50)	1，2，4	7.9	1 980		400	1	16.0	250 000

注：表中分度圆直径 d_1 的数字，带括号的尽量不用。

蜗杆的直径系数 q 和蜗杆头数 z_1 选定之后，蜗杆分度圆柱上的导程角 γ 也就确定了。蜗杆形成原理与螺旋相似，将蜗杆分度圆上的螺旋线展开，如图 5－41 所示。显然有

$$\tan\gamma=\frac{p_z}{\pi d_1}=\frac{z_1 p_a}{\pi d_1}=\frac{z_1 \pi m}{\pi d_1}=\frac{z_1 m}{d_1}=\frac{z_1}{q} \qquad (5-27)$$

式中：

p_z——蜗杆的导程，单位 mm；

p_a——蜗杆的轴向齿距，即周节，单位 mm。

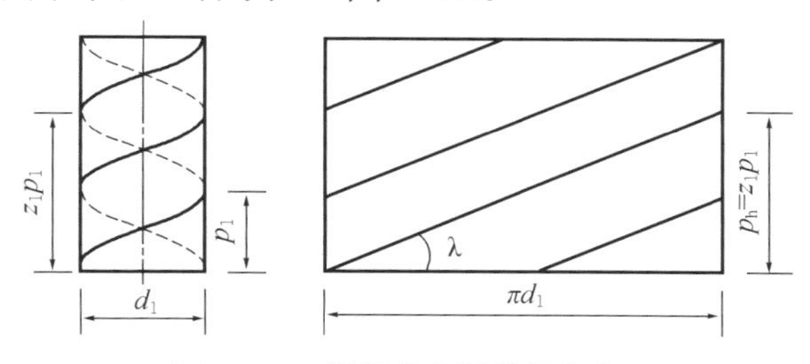

图 5－41　蜗杆分度圆柱导程角 γ

由式（5－27）可知，当模数 m 一定时，直径系数 q 增大，则分度圆 d_1 变大，蜗杆的刚度和强度会相应提高。因此 m 较小时，q 应选较大值；又因为 q 取小值时，γ 增大，效率随之提高，故在蜗杆刚度允许的情况下，应尽可能选小的 q 值。

3. 传动比 i

通常蜗杆为主动件，蜗杆与蜗轮之间的传动比为

$$i=n_1/n_2=z_2/z_1 \qquad (5-28)$$

式中：

n_1、n_2——蜗杆、蜗轮的转速，单位为 r/min；

z_1——蜗杆的头数（齿数）；

z_2——蜗轮的齿数。

与齿轮传动相比，应注意：蜗杆传动的传动比不等于蜗轮蜗杆的分度圆直径之比。

一般圆柱蜗杆传动减速装置的传动比按下列数值选择：5、7.5、10、12.5、15、20、25、30、40、50、60、70、80。其中 10、20、40 和 80 为基本传动比，应优先选用。

4. 蜗杆头数 z_1 和蜗轮齿数 z_2

蜗杆头数 z_1 可根据要求的传动比和效率来选定。通常蜗杆头数取 1、2、4、6。蜗轮的齿数 z_2 可通过传动比计算得到。

选择蜗杆头数 z_1 时，主要考虑传动比、效率和制造三个方面。从制造方面看，头数越多，蜗杆的加工越困难；从提高效率方面看，头数越多，效率越高；若要求自锁，应考虑选择单头；若要提高传动比，也应该选择较少的头数。在传动比一定的情况下，如果 z_1 较少，则 z_2 也较少，这样蜗杆传动结构就紧凑。因此，在选择 z_1 和 z_2 时要全面考虑上述因素。一般来说，在动力传动中，在考虑结构紧凑的前提下，应很好地考虑提高效率。所以，当传动比较小时，宜采用多头蜗杆，而在传递运动要求自锁时，常选用单头蜗杆。通常推荐采用：当 $i=8\sim14$ 时，选 $z_1=4$；$i=16\sim28$ 时，选 $z_1=2$；$i=30\sim80$ 时，选 $z_1=1$。

为了避免加工蜗轮时产生根切，当 $z_1=1$ 时，选 $z_2\geqslant17$；当 $z_1=2$ 时，选 $z_2\geqslant27$。

对于动力传动，为保证传动的平稳性，选 $z_2 \geqslant 28$，一般取 $z_2 = 32 \sim 63$ 为宜。蜗轮直径越大，蜗杆越长时，则蜗杆刚度小而易于变形，故 $z_2 \leqslant 80$ 为宜。对于分度机构，传动比和齿数不受此限制。

5. 蜗轮分度圆直径 d_2 和蜗杆传动的标准中心距 a

中间平面为蜗轮的端面剖面，在此平面内，蜗轮的分度圆直径 d_2 为

$$d_2 = m z_2 \tag{5-29}$$

蜗杆传动的标准中心距 a 为

$$a = \frac{1}{2}(d_1 + d_2) = \frac{1}{2}(q + z_2)\,m \tag{5-30}$$

设计普通圆柱蜗杆减速装置时，在按接触强度或弯曲强度确定了中心距之后，再进行蜗杆蜗轮参数的配置。

6. 蜗杆传动的正确啮合条件

对轴交角 $\Sigma = 90°$ 的蜗杆传动，其正确啮合条件为：蜗杆的轴向模数 m_{a1} 与蜗轮的端面模数 m_{t2} 相等；蜗杆的轴向压力角 α_{a1} 与蜗轮的端面压力角 α_{t2} 相等；蜗杆分度圆柱的导程角 γ_1 与蜗轮分度圆柱螺旋角 β_2 等值且方向相同，用公式表示为

$$\begin{cases} m_{a1} = m_{t2} = m \\ \alpha_{a1} = \alpha_{t2} = \alpha \\ \gamma_1 = \beta_2 \end{cases} \tag{5-31}$$

7. 蜗杆蜗轮的旋转方向确定

蜗杆传动的运动特性相当于一对螺旋副传动。将蜗杆看作螺杆，蜗轮看作螺母，按照螺旋副的相对运动规律来确定蜗轮或蜗杆的转动方向。如图 5－42 所示，设蜗杆为主动件，其旋向为右旋，作右手握拳状，则右手四指方向为蜗杆的转动方向，大拇指方向为蜗杆的前进方向，即蜗杆相对于蜗轮向左移动，也即蜗轮相对于蜗杆向相反方向转动。左旋蜗杆用左手按上述方法判断。

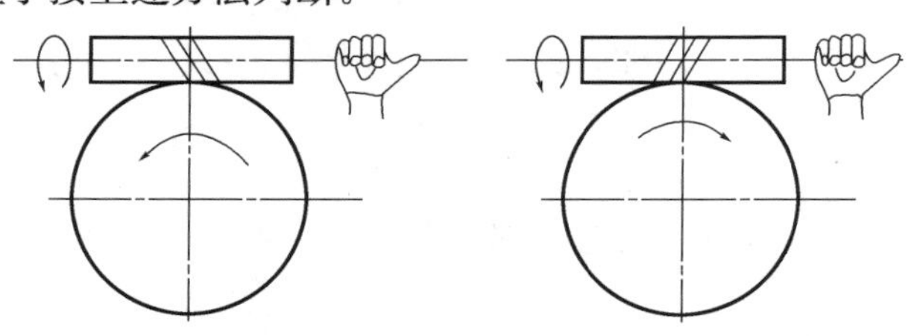

图 5－42　蜗杆蜗轮的转向判定

【自测题】

1. 蜗杆传动比的表达式为________。

A. $i = \frac{n_1}{n_2} = \frac{d_2}{d_1}$　　B. $i = \frac{n_1}{n_2} = \frac{d_1}{d_2}$　　C. $i = \frac{n_1}{n_2} = \frac{z_2}{z_1}$

2. 蜗杆传动的失效经常发生在________________________________。

3. 蜗杆传动散热计算不能满足时，试举出三种改进措施。

4. 如图 5－43 所示，已知输出轴上的锥齿轮 z_4 的转向 n_4，为了使中间轴Ⅱ上的轴

向力能抵消一部分，试求：

（1）在图上标出各轮的转向；

（2）判断蜗杆传动的螺旋角方向（蜗杆、蜗轮）；

（3）蜗杆、蜗轮所受各力方向以及锥齿轮 z_3 所受轴向力方向。（要求标在图上或另画图表示）

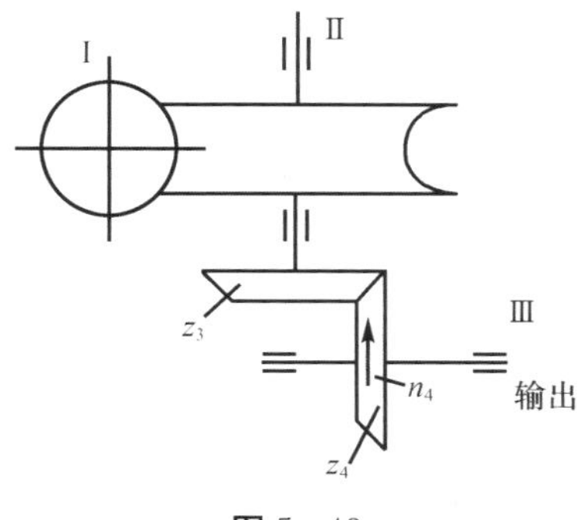

图 5－43

5. 图 5－44 所示为蜗杆一斜齿圆柱齿轮传动。蜗杆主动、蜗杆转向及螺旋线方向如图所示，要求：

（1）画出Ⅱ轴的转向及蜗轮 2 的螺旋线方向；

（2）要求Ⅱ轴上轴向力抵消一部分，定出齿轮 3、4 的螺旋线方向；

（3）在图上画出蜗轮 2 及齿轮 4 的各分力方向。

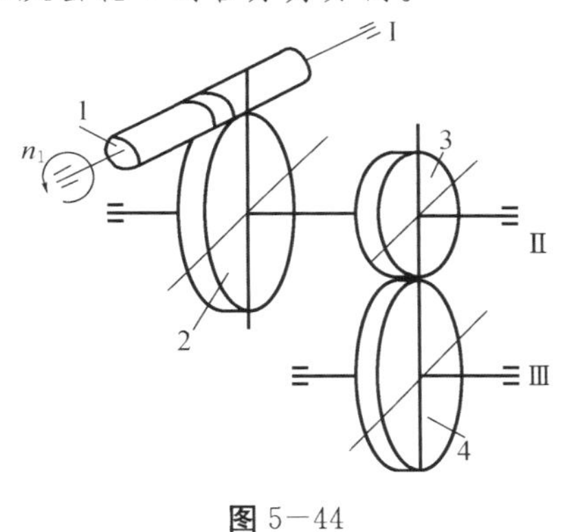

图 5－44

任务三　带传动机构

【任务描述】

带传动是一种应用很广泛的机械传动。带传动由主动轮、从动轮和适度张紧在两轮上的封闭环形传动带组成。它是利用传动带作为中间挠性件，依靠传动带与带轮之间的摩擦力来传递运动的。

【任务分析】

与其他传动相比，带传动具有以下优点：中心距变化范围大，适宜远距离传动；过载时将引起传动带在带轮上打滑，因而可以防止其他零件的损坏；制造和安装精度不像啮合传动那样严格，结构简单、价格低廉；能起到缓冲和吸收振动的作用，传动平稳，噪音小；维护方便，不需要润滑等。

要注意带传动的应力组成，不同部位的应力不同，有最大应力与最小应力，在选用带传动时应注意。带传动有多种不同的传动形式及张紧装置，使用时要恰当地选择。

【知识与技能】

一、带传动概述

1. 带传动的组成

如图 5－45 所示，带传动一般由主动带轮 1、从动带轮 2 及传动带 3 组成。将柔性带（挠性带）张紧在带轮上，使带与带轮间产生压力。当正常工作时，主动轮 1 转动，借助带与带轮之间产生的摩擦力带动从动带轮 2 转动。

这种传动在近代机械中应用得十分广泛，常用于中、小功率，带速在 5～25 m/s，传动比与传动效率为 $i \leqslant 7$、$\eta \approx 0.94 \sim 0.97$ 的情况下。

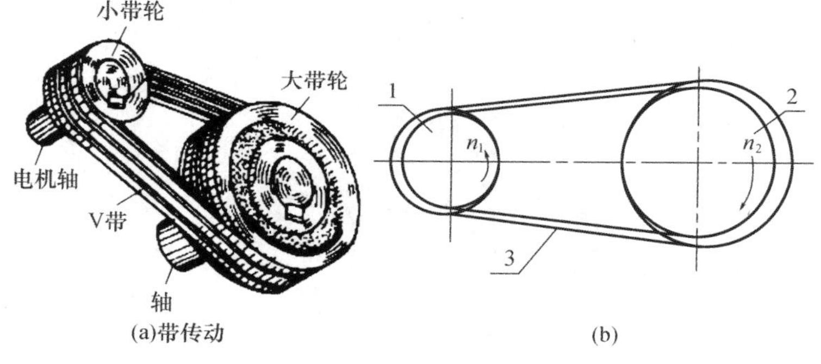

图 5－45　带传动简图

1－主动轮　2－从动轮　3－传动轮

2. 带传动的主要类型

按照传动原理来分，可分为摩擦带传动（图 5－46）与啮合带传动（图 5－47）。

摩擦带传动通常由主动轮、从动轮和张紧在两轮上的环形传动带组成，由于带已被张紧，传动带在静止时已受到预拉力的作用，带与带轮之间的接触面间产生了正压力。当主动轮转动时，依靠带与带轮接触面之间的摩擦力，拖动传动带进而驱动从动轮转动，实现传动。

啮合带传动由主动同步带轮、从动同步带轮和套在两轮上的环形同步带组成。

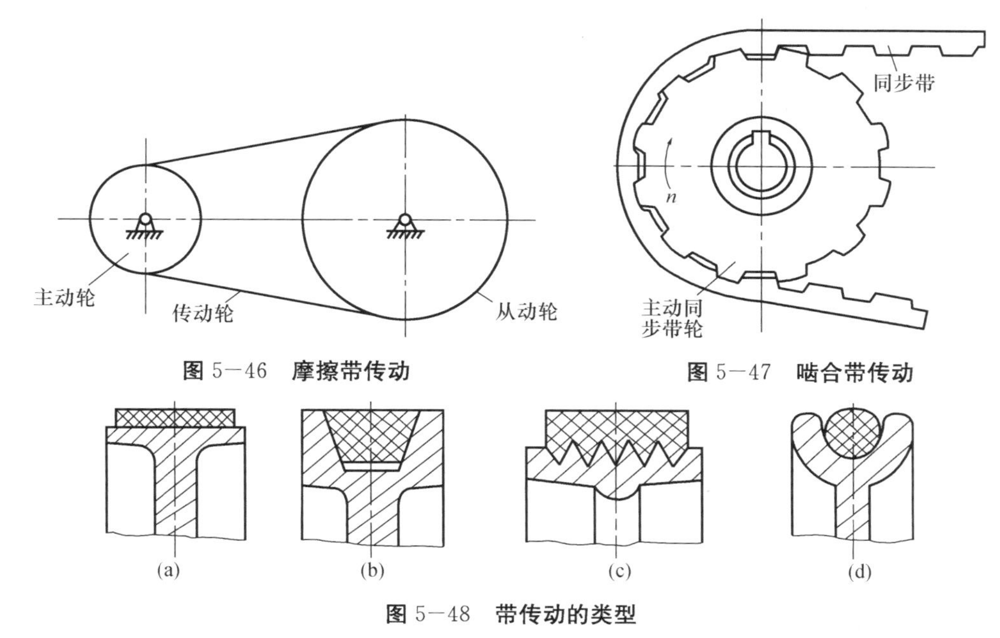

图 5—46　摩擦带传动

图 5—47　啮合带传动

图 5—48　带传动的类型

按照传动带的横截面形状不同，带分为平带、V 带、多楔带、圆带等多种类型，如图 5－48 所示。

平带传动结构最简单，传动效率较高，在传动中心距较大的场合应用较多。

V 带传动的传动能力较大，在传动比较大、要求结构紧凑的场合应用较多，是带传动的主要类型。普通 V 带的楔角为 40°，因此可以估算出当量摩擦系数 $f_v=(3.63\sim3.07)f$。也就是说，在同样的条件下，平带与 V 带在接触面上所受得正压力不同，V 带传动产生的摩擦力比平带大得多。所以一般机械中多采用 V 带。

多楔带传动兼有平带和 V 带传动的特点，主要用于传递大功率、结构要求紧凑的场合。

圆带传动的传动能力较小，一般用于轻型和小型机械。

3. 带传动的特点和应用

(1) 带传动的特点。

带传动属于挠性传动，传动平稳，噪声小，可缓冲吸振。过载时，带会在带轮上打滑，而起到保护其他传动件免受损坏的作用。带传动允许较大的中心距，结构简单，制造、安装和维护较方便，且成本低廉。但由于带与带轮之间存在滑动，传动比难以严格保持不变。带传动的传动效率较低，带的寿命一般较短，不宜在易燃易爆场合下工作。

一般情况下，带传动传递的功率 $P\leqslant100$ kW，带速 $v=5\sim25$ m/s，平均传动比 $i\leqslant5$，传动效率为 94%～97%；同步齿形带的带速为 40～50 m/s，传动比 $i\leqslant10$，传递功率可达 200 kW，效率高达 98%～99%。

(2) 带传动的应用。

如图 5－49 所示。

(a)拖拉机

(b)大理石切割机

(c)发动机

(d)机器人关节

图 5—49　**带传动的应用**

二、V 带和带轮的结构

V 带有普通 V 带、窄 V 带、宽 V 带、汽车 V 带和大楔角 V 带等。其中以普通 V 带和窄 V 带应用较广，这里主要介绍普通 V 带传动。

1. V 带的规格标准

标准 V 带都制成无接头的环形带，其横截面结构如图 5—50 所示。强力层的结构形式有帘布芯结构和线绳芯结构。

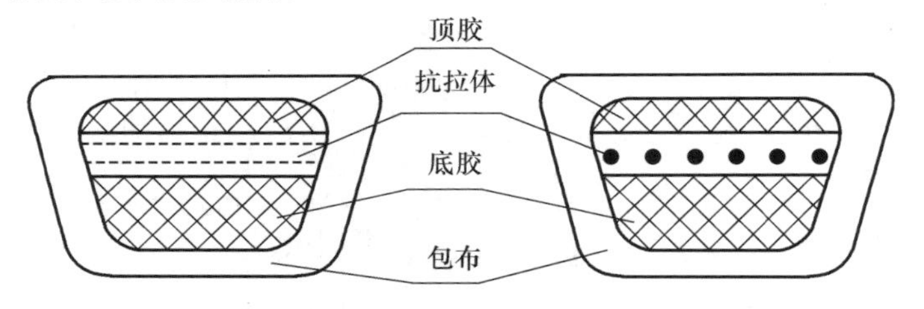

(a)帘布芯结构　(b)线绳芯结构

图 5—50　**V 带的结构**

V 带横截面呈梯形状，按截面尺寸的不同分为 Y、Z、A、B、C、D、E 共 7 种型号，其截面尺寸已标准化，见表 5—10。在同样的条件下，截面尺寸大则传递的功率就大。

表 5—10　**普通 V 带的截面尺寸与 V 带轮轮槽尺寸**

参数	型号						
	Y	Z	A	B	C	D	E
节宽 b_p/mm	5.3	8.5	11.0	14.0	19.0	27.0	32.0
顶宽 b/mm	6.0	10.0	13.0	17.0	22.0	32.0	38.0

续表 5—10

参数		型号						
		Y	Z	A	B	C	D	E
高度 h/mm		4.0	6.0	8.0	10.5	13.5	19.0	23.5
楔角 θ/（°）		40						
截面面积 A/mm^2		47	81	138	230	470	682	1 170
每米长质量 $q/kg.m^{-1}$		0.02	0.06	0.10	0.17	0.30	0.62	0.90
轮槽顶宽 b_e/mm		6.3	10.1	13.2	17.2	23	32.7	38.7
基准线上槽深 h_{amin}/mm		1.6	2.0	2.75	3.5	4.8	8.1	9.6
基准线下槽深 h_{fmin}/mm		4.7	7.0	8.70	10.8	14.3	19.9	23.4
槽间距 e/mm		8±0.3	12±0.3	15±0.3	19±0.4	25.5±0.5	37±0.6	44.5±0.7
槽中心至轮端面距离 f_{min}/mm		6	7	9	11.5	16	23	28
槽底至轮缘厚度 δ_{min}/mm		5	5.5	6	7.5	10	12	15
轮缘宽度 B/mm		$B=(Z-1)e+2f$（Z 为轮槽数）						
$\varphi=32°$	对应基础直径 d/mm	≤60	—	—	—	—	—	—
$\varphi=34°$		—	≤80	≤118	≤190	≤315	—	—
$\varphi=36°$		>60	—	—	—	—	≤475	≤600
$\varphi=38°$		—	>80	>118	>190	>315	>475	>600

V 带绕在带轮上产生弯曲，外层受拉伸变长，内层受压缩变短，两层之间存在一长度不变的中性层。中性层面称为节面，节面的宽度称为节宽 b_p。普通 V 带的截面高度 h 与其节宽 b_p 的比值已标准化（为 0.7）。

V 带装在带轮上，与节宽 b_p 相对应的带轮直径称为基准直径，用 d_d 表示，如图 5－51 和表 5－11 所示。每种型号的 V 带都有若干标准长度。通过节宽处量得的带长称为基准长度 L_d，并规定为标准长度，如表 5－12 所示。

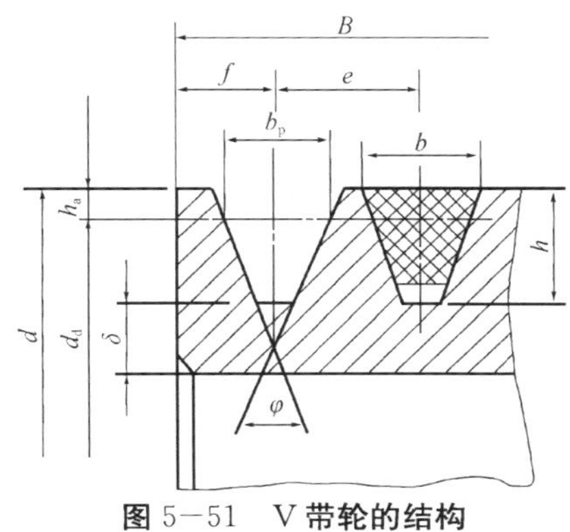

图 5—51　V 带轮的结构

表 5－11　V 带轮的最小直径及基准直径系列　　单位：mm

<table>
<tr><td>带型</td><td>Y</td><td>Z</td><td>A</td><td>B</td><td>C</td><td>D</td><td>E</td></tr>
<tr><td>d_{dmin}</td><td>20</td><td>50</td><td>75</td><td>125</td><td>200</td><td>355</td><td>500</td></tr>
<tr><td>d_d 系列</td><td colspan="7">20　22.4　25　28　31.5　35.5　40　45　50　56　63　71　75　80
85　90　95　100　106　112　118　125　132　140　150　160　170　180
200　212　224　236　250　265　280　300　315　335　355　375　400　425
450　475　500　530　560　600　630　670　710　750　800　900　1 000　1 060
1 120　1 250　1 400　1 500　1 600　1 800　1 900　2 000　2 240　2 500</td></tr>
</table>

表 5－12　公称普通 V 带的基准长度（摘自 GB/T 11544—1997）　　单位：mm

<table>
<tr><td rowspan="2">参数</td><td colspan="7">型号</td></tr>
<tr><td>Y</td><td>Z</td><td>A</td><td>B</td><td>C</td><td>D</td><td>E</td></tr>
<tr><td>基准长度 L_d/mm</td><td>200～500</td><td>400～1 600</td><td>630～2 800</td><td>900～5 600</td><td>1 800～10 000</td><td>2 800～1 400</td><td>4 500～1 600</td></tr>
<tr><td>基准长度系列</td><td colspan="7">200　224　250　280　315　355　400　450　500　560　630　710　800　1 000　1 120
1 250　1 400　1 600　1 800　2 000　2 240　2 500　2 800　3 150　3 550　4 000　4 500
5 000　5 600　7 100　8 000　9 000　10 000　11 200　12 500　14 000　16 000</td></tr>
</table>

根据 V 带高与节宽之比的不同，分为普通 V 带和窄 V 带两种。普通 V 带高与节宽之比为 0.7，而窄 V 带高与节宽之比为 0.9。

2. V 带轮的材料和结构

带轮材料常采用灰铸铁、钢、铝合金或工程塑料，其中灰铸铁应用最广。当 $v \leqslant$ 30 m/s 时，用 HT150 或 HT200；当 $v \geqslant 25 \sim 45$ m/s 时，则宜采用铸钢或用板冲压焊接带轮；小功率传动可用铸铝或塑料，以减轻带轮重量。

带轮由轮缘、轮毂和轮辐三部分组成。轮缘是带轮外圈环形部分，在其表面制有与带的根数、型号相对应的轮槽，轮槽尺寸均已标准化（GB/T 13575.1—92），如表 5－10所示。V 带的楔角是 40°，而轮槽角有 32°、34°、36°和 38°等几种，这是因为带绕在带轮上弯曲时，伸张层受拉横向尺寸缩小，压缩层受压横向尺寸增加，使带的楔角略减小。为保证胶带和带轮工作面的良好接触，故带轮槽角小于 40°，带轮直径越小，弯曲愈显著，故轮槽角也越小。

带轮的结构形式有：实心式、腹板式、孔板式和椭圆轮辐式，如图 5－52 所示。V 带轮的结构形式及腹板厚度的确定可参阅有关设计手册。

(a)实心式带轮　(b)腹板式带轮　(c)孔板式带轮　(d)轮幅式带轮

图 5－52　带轮的结构形式

三、带传动的工作分析

1. 带传动的受力分析

V 带传动是利用摩擦力来传递运动和动力的，因此在安装时就要将带张紧，使带保持有初拉力 F_0，从而在带和带轮的接触面上产生必要的正压力。当皮带没有工作时，皮带两边的拉力相等，都等于初拉力 F_0，如图 5－53（a）所示。

当主动轮以转速 n_1 旋转，由于皮带和带轮的接触面上的摩擦力作用，使从动轮 1 以转速 n_2 转动。主动轮 2 作用在带上的力与 n_1 转向相同，而从动轮作用在带上的作用力与 n_2 相反。这就造成皮带两边的拉力发生变化：皮带进入主动轮的一边被拉紧，称作紧边，其拉力由 F_0 增加到 F_1；皮带进入从动轮的一边被放松，叫做松边，其拉力由 F_0 减小到 F_2，如图 5－53（b）所示。

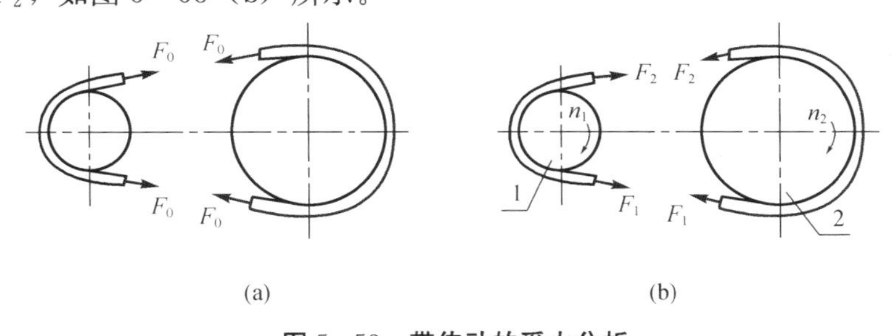

图 5－53　带传动的受力分析

1－主动轮　2－从动轮

定义传动带两边拉力之差为有效圆周力 F_e。

取主动轮一边的皮带为分离体，设总摩擦力为 F_f（也就是有效圆周力 F_e），则有

$$F_e \frac{D_1}{2} = F_1 \frac{D_1}{2} - F_2 \frac{D_1}{2}$$

即

$$F_e = F_f = F_1 - F_2 \tag{5-32}$$

而皮带传递的功率为

$$P = \frac{F_e v}{1\,000} \text{ (kW)} \tag{5-33}$$

式中：v——带速，单位为 m/s。

如果认为带的总长不变，则两边带长度的增减量应相等，相应拉力的增减量也应相等，即

$$F_1 - F_0 = F_0 - F_2$$

也即
$$F_0=\frac{1}{2}(F_1+F_2) \tag{5-34}$$

由此可以得到
$$\begin{cases} F_1=F_0+\frac{1}{2}F_e \\ F_2=F_0-\frac{1}{2}F_e \end{cases} \tag{5-35}$$

由上式可以看出：F_1 和 F_2 的大小，取决于初拉力 F_0 及有效圆周力 F_e；而 F_e 又取决于传递的功率 P 及带速 v。

显然，当其他条件不变且 F_0 一定时，这个摩擦力 F_f 不会无限增大，而有一个最大的极限值。如果所要传递的功率过大，使 $F_e>F_f$，带就会沿轮面出现显著的滑动现象。这种现象称为“打滑”。从而导致带传动不能正常工作，也即传动失效。

2. 带传动的弹性滑动和打滑

传动带是弹性体，受到拉力后会产生弹性伸长，伸长量随拉力大小的变化而改变。

带由紧边绕过主动轮进入松边时，带的拉力由 F_1 减小为 F_2，其弹性伸长量也由 δ_1 减小为 δ_2。这说明带在绕过带轮的过程中，相对于轮面向后收缩了（$\delta_1-\delta_2$），带与带轮轮面间出现局部相对滑动，导致带的速度逐步小于主动轮的圆周速度，如图 5－54 所示。

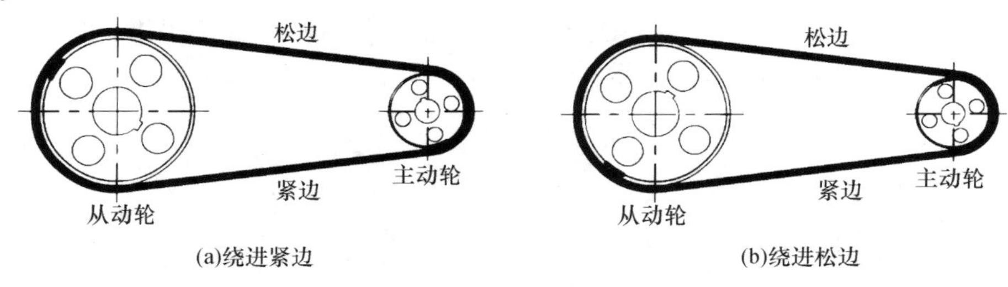

图 5－54　带在主动轮上的弹性滑动

同样，当带由松边绕过从动轮进入紧边时，拉力增加，带逐渐被拉长，沿轮面产生向前的弹性滑动，使带的速度逐渐大于从动轮的圆周速度，如图 5－55 所示。这种由于带的弹性变形而产生的带与带轮间的滑动称为弹性滑动。

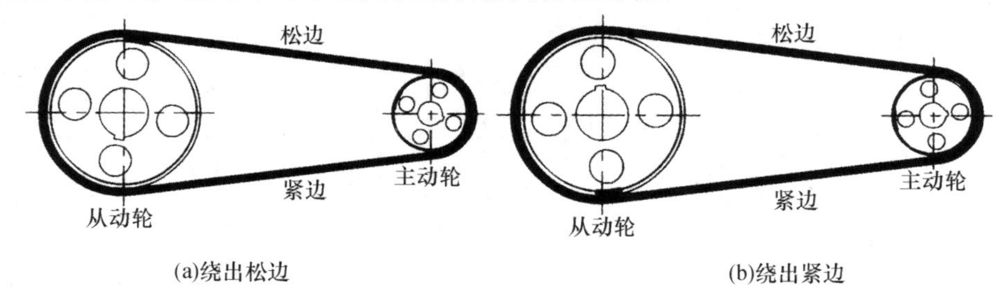

图 5－55　带在从动轮上的弹性滑动

弹性滑动和打滑是两个截然不同的概念。打滑是指过载引起的全面滑动，是可以避免的。而弹性滑动是由于拉力差引起的，只要传递圆周力，就必然会发生弹性滑动，所以弹性滑动是不可以避免的。

弹性滑动现象及其程度可以用滑动率 ε 表示，即

$$\varepsilon=\frac{v_1-v_2}{v_1}=\frac{nd_1n_1-nd_2n_2}{\pi d_1n_1}=1-\frac{d_2}{2d_1}$$

$$i=\frac{n_1}{n_2}=\frac{d_2}{d_1\ (1-\varepsilon)}$$

$$n_2=\frac{n_1d_2\ (1-\varepsilon)}{d_2}$$

式中：n_1、n_2 分别为主动轮、从动轮的转速，单位为 r/min；d_1、d_2 分别为主动轮、从动轮的直径，单位为 mm，对 V 带传动则为带轮的基准直径。因带传动的滑动率 $\varepsilon=0.01\sim0.02$，其值很小，所以在一般传动计算中可不予考虑。

3. 带传动的应力分析

带传动在工作时，皮带中的应力由三部分组成：因传递载荷而产生的拉应力 σ；由离心力产生的离心应力 σ_c；皮带绕带轮弯曲而产生的弯曲应力 σ_b；

（1）拉应力 σ。

紧边拉应力
$$\sigma_1=\frac{F_1}{A}\ (\text{MPa}) \tag{5-36}$$

松边拉应力
$$\sigma_2=\frac{F_1}{A}\ (\text{MPa}) \tag{5-37}$$

式中：A 为皮带横断面积，单位为 mm^2。

（2）离心造成的离心应力 σ_c。

当传动带以切线速度 v 沿着带轮轮缘做圆周运动时，带本身的质量将引起离心力。由于离心力的作用，使带的横剖面上受到附加拉应力。如图 5－56 所示，截取一微段弧 $d_1=rd_a$，设带速为 v（m/s），带单位长度的质量为 m（kg/m）。

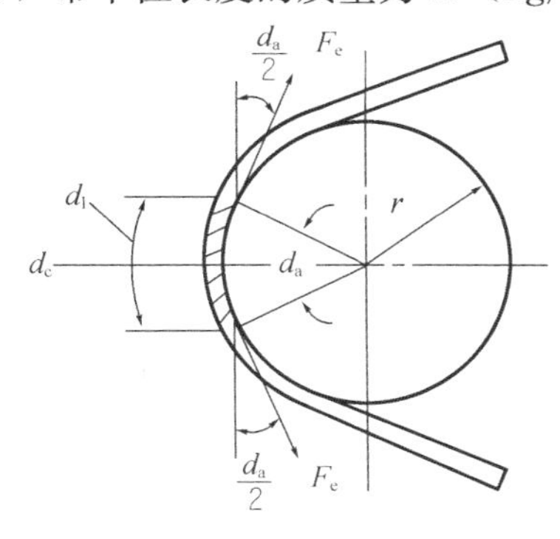

图 5－56　离心力造成的拉应力

作圆周运动时，微弧段产生的离心力为

$$d_c=\ (rd_a)\ \frac{mv^2}{r}=mv^2d_a\ (\text{N})$$

用 F_c 表示由离心力的作用使微弧段两边产生的拉力，则由力的平衡方程式可得

$$2F_c\sin\frac{d_a}{2}=mv^2d_a$$

由于 d_a 很小，取 $\sin\frac{d_a}{2}\approx\frac{d_a}{2}$，

则 $F_c = mv^2$

$$\sigma_c = \frac{mv^2}{A} \text{ (MPa)} \quad (5-38)$$

式中：

m——单位长度质量，单位为 kg/m；

v——带速，单位为 m/s。

（3）弯曲应力 σ_b。

$$\sigma_b \approx E\frac{h}{d_d} \text{ (MPa)} \quad (5-39)$$

式中：

E——带的拉压弹性模量，单位为 MPa；

h——带厚，单位为 mm；

d_d——带轮基准直径，单位为 mm，如表 5－11 所示。

由式（5－39）可知，带越厚，带轮直径越小，则带的弯曲应力就越大。为避免弯曲应力过大，对应每种型号的带轮都规定了最小直径 d_{dmin}，如表 5－11 所示。

图 5－57 所示为带工作时的应力分布情况。最大应力发生在皮带的紧边进入小轮处，其值为

$$\sigma_{max} = \sigma_1 + \sigma_{b1} + \sigma_c \text{ (MPa)} \quad (5-40)$$

传动带是在交变应力状态下工作的，所以将使皮带产生疲劳破坏，影响工作寿命。

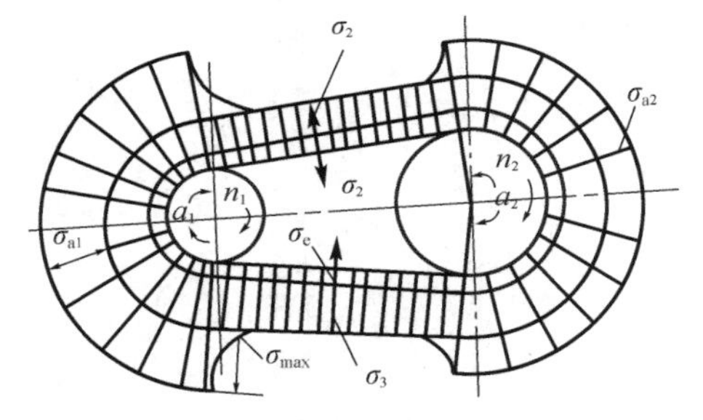

图 5－57 带工作时的应力分布

四、V 带传动的设计计算

1. 单根普通 V 带的许用功率

带传动的主要失效形式为打滑和带的疲劳破坏。因此，带传动的设计准则为：在保证带传动不打滑的条件下，使带具有一定的疲劳强度和寿命。

根据前面的式子，可以得到 V 带在不打滑时的最大有效圆周力为

$$F_{emax} = F_1\left(1-\frac{1}{e^{f_v\alpha}}\right) = \sigma_1 A\left(1-\frac{1}{e^{f_v\alpha}}\right) \text{ (N)} \quad (5-41)$$

在前面推导时使用的是平皮带，对普通 V 带要使用当量摩擦系数 f_v。

疲劳强度为

$$\sigma_1 \leqslant [\sigma] - \sigma_{b1} - \sigma_c \text{ (MPa)}$$

$[\sigma]$ 与皮带的材质和应力循环次数 N 有关。

所以，可以求得V带在既不打滑又具有足够的疲劳强度时所能传递的基本额定功率 P_1 为

$$P_1=([\sigma]-\sigma_{b1}-\sigma_c)(1-\frac{1}{e^{f_v\alpha}})\frac{Av}{1\,000}\ (kW) \tag{5-42}$$

在载荷平稳、包角 $\alpha_1=180°$（$i=1$）、带长 L_d 为特定长度、强力层为化学纤维线绳结构条件下，单根V带传递的基本额定功率 P_1 可查表5-13。

当实际工作条件与上述条件不同时（如包角、工况等），应该对 P_1 进行修正。单根普通V带的额定功率是由基本额定功率 P_1 加上额定功率增量 ΔP_1，并乘以修正系数而确定许用功率 $[P]$

$$[P]=(P_1+\Delta P_1)K_\alpha K_L \tag{5-43}$$

其中：K_α 包角修正系数（可查表5-14），考虑包角不等于180°时传动能力有所下降；K_L 为带长修正系数（可查表5-15），考虑带长不等于特定长度时对传动能力的影响。

表5-13　普通V带的基本额定功率 P_0 和功率增量 ΔP_1　　单位：kW

型号	小带轮转速 n_1/r·min^{-1}	小带轮基准直径 d_1/mm 单根V带额定功率 P_1						传动比 i / 额定功率增量 ΔP_1 1.13～1.18	1.19～1.24	1.25～1.34	1.35～1.51	1.52～1.99	≥2
A		75	90	100	112	125	140						
	400	0.26	0.39	0.47	0.56	0.67	0.78	0.02	0.03	0.03	0.04	0.04	0.05
	700	0.40	0.61	0.74	0.90	1.07	1.26	0.04	0.05	0.06	0.07	0.08	0.09
	800	0.45	0.68	0.83	1.00	1.19	1.41	0.04	0.05	0.06	0.08	0.09	0.10
	950	0.51	0.77	0.95	1.15	1.37	1.62	0.05	0.06	0.07	0.08	0.10	0.11
	1 200	0.60	0.93	1.14	1.39	1.66	1.96	0.07	0.08	0.10	0.11	0.13	0.15
	1 450	0.68	1.07	1.32	1.61	1.92	2.28	0.08	0.09	0.11	0.13	0.15	0.17
	1 600	0.73	1.15	1.42	1.74	2.07	2.45	0.09	0.11	0.13	0.15	0.17	0.19
B		140	160	180	200	224	250						
	400	1.05	1.32	1.59	1.85	2.17	2.50	0.06	0.07	0.08	0.10	0.11	0.13
	700	1.64	2.09	2.53	2.96	3.47	4.00	0.10	0.12	0.15	0.17	0.20	0.22
	800	1.82	2.32	2.81	3.30	3.86	4.46	0.11	0.14	0.17	0.20	0.23	0.25
	950	2.08	2.66	3.22	3.77	4.42	5.10	0.13	0.17	0.20	0.23	0.26	0.30
	1 200	2.47	3.17	3.85	4.50	5.26	6.04	0.17	0.21	0.25	0.3	0.34	0.38
	1 450	2.82	3.62	4.39	5.13	5.97	6.82	0.20	0.25	0.31	0.36	0.40	0.46
	1 600	3.00	3.86	4.68	5.46	6.33	7.20	0.23	0.28	0.34	0.39	0.45	0.51

续表 5—13

型号	小带轮转速 n_1/$r\cdot min^{-1}$	小带轮基准直径 d_1/mm						传动比 i					
		单根V带额定功率 P_1						1.13～1.18	1.19～1.24	1.25～1.34	1.35～1.51	1.52～1.99	≥2
								额定功率增量 ΔP_1					
C		250	280	315	355	400	450						
	400	3.62	4.32	5.14	6.05	7.06	8.20	0.16	0.20	0.23	0.27	0.31	0.35
	700	5.64	6.76	8.09	9.50	11.02	12.63	0.27	0.34	0.41	0.48	0.55	0.62
	800	6.23	7.52	8.92	10.46	12.10	13.80	0.31	0.39	0.47	0.55	0.63	0.71
	950	7.04	8.49	10.05	11.73	13.48	15.23	0.37	0.47	0.56	0.65	0.74	0.83
	1 200	8.21	9.81	11.53	13.31	15.04	16.59	0.47	0.59	0.70	0.82	0.94	1.06
	1 450	9.04	10.72	12.46	14.12	15.53	16.47	0.58	0.71	0.85	0.99	1.14	1.27
	1 600	9.38	11.06	12.72	14.19	15.24	15.57	0.63	0.78	0.94	1.10	1.25	1.41
D		450	500	560	630	710	800						
	400	13.85	16.2	18.95	22.05	25.45	29.08	0.56	0.70	0.83	0.97	1.11	1.25
	700	20.63	23.99	27.73	31.68	35.59	39.14	0.97	1.22	1.46	1.70	1.95	2.19
	800	22.25	25.76	29.55	33.38	36.87	39.55	1.11	1.39	1.67	1.95	2.22	2.50
	950	24.01	27.5	31.04	34.19	36.35	36.76	1.32	1.60	1.92	2.31	2.64	2.97
	1 200	24.84	26.71	29.67	30.15	27.88	21.32	1.67	2.09	2.50	2.92	3.34	3.75
	1 450	22.02	23.59	22.58	18.06	7.99	—	2.02	2.52	3.02	3.52	4.03	4.53
	1 600	19.59	18.88	15.13	6.25	—	—	2.23	2.78	3.33	3.89	4.45	5.00

表 5—14　包角系数 K_α

包角 α/(°)	180	170	160	150	140	130	120	110	100	90	80	70
K_α	1.00	0.97	0.94	0.91	0.88	0.85	0.82	0.72	0.67	0.62	0.56	0.5

表 5－15　**长度系数** K_L

基准长度 L_d/mm	普通V带型号					
	Y	Z	A	B	C	D
400	0.96	0.87				
450	1.00	0.89				
500	1.02	0.91				
560		0.94				
630		0.96	0.81			
710		0.99	0.82			
800		1.00	0.85			
900		1.03	0.87	0.81		
1 000		1.06	0.89	0.84		
1 120		1.08	0.91	0.86		
1 250		1.11	0.93	0.88		
1 400		1.14	0.96	0.90		
1 600		1.16	0.99	0.92	0.83	
1 800		1.18	1.01	0.95	0.86	
2 000			1.03	0.98	0.88	
2 240			1.06	1.00	0.91	
2 500			1.09	1.03	0.93	
2 800			1.11	1.05	0.95	0.83
3 150			1.13	1.07	0.97	0.86

2. V带传动的设计步骤和方法

设计普通V带传动应预先确定的原始数据一般有：带传动的功率 P、大小轮的转速（n_2、n_1）或传动比、原动机类型、工作条件及总体布置方面的要求等。设计的内容主要有传动带的型号、长度、根数、传动中心距、带轮直径、带轮结构尺寸和材料、带的初拉力和压轴力、张紧及防护装置等。

（1）确定计算功率 P_c，选择V带型号。

根据传递的功率 P、载荷性质、原动机种类和工作情况等确定计算功率：

$$P_c = K_A P \tag{5-44}$$

式中：

P_c——设计功率，单位为kW；

K_A 为工况系数，见表5－16；

P——所需传递的功率，单位为kW。

表 5－16　**工作情况系数** K_A

工况		K_A					
		空、轻载启动			重载启动		
		一天工作小时数/h					
		<10	10～16	>16	<10	10～16	>16
载荷变动微小	液体搅拌机、通风机和鼓风机（≤7.5 kW）、离心式水泵和压缩机、轻负荷输送机等	1.0	1.1	1.2	1.1	1.2	1.3
载荷变动小	带式运输机（不均匀负荷）、通风机（>7.5 kW）、旋转式水泵和压缩机（非离心式）、发电机、金属切削机床、印刷机、旋转筛、锯木机和木工机械等	1.1	1.2	1.3	1.2	1.3	1.4
载荷变动较大	制砖机、斗式提升机、往复式水泵和压缩机、起重机、磨粉机、冲剪机床、橡胶机械、振动筛、纺织机械、重载输送机等	1.2	1.3	1.4	1.4	1.5	1.6
载荷变动很大	破碎机（旋转式、颚式等）、磨碎机（球磨、棒磨、管磨）等	1.3	1.4	1.5	1.5	1.6	1.8

注：(1) 空、轻载启动——电动机（交流启动、三角启动、直流并励），四缸以上的内燃机，装有离心式离合器、液力联轴器的动力机。(2) 重载启动——电动机（联机交流启动、直流复励或串励）、四缸以下的内燃机。 (3) 对于反复启动、正反转频繁、工作条件恶劣等场合，其 K_A 应乘上 1.2。

根据带传动的设计功率 P_c 和小带轮转速 n_1，按图 5－58 所示初步选择带型。所选带型是否符合要求，需要考虑传动的空间位置要求以及带的根数等方面来最后确定。

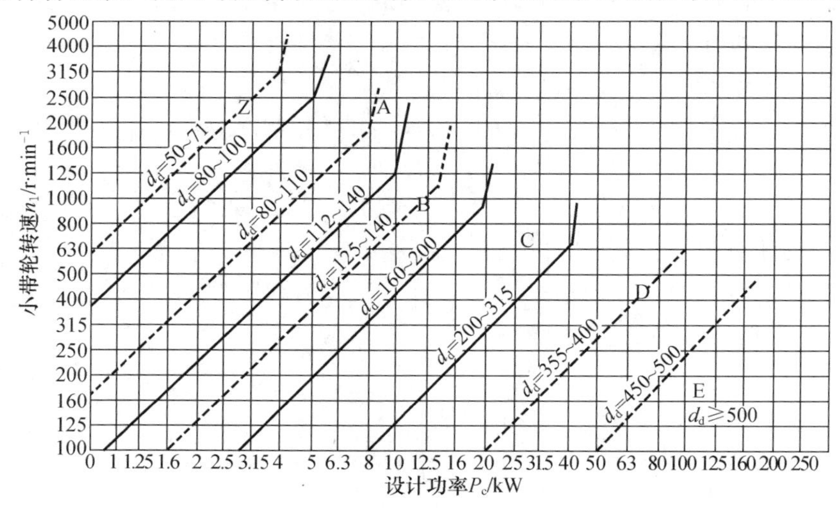

图 5－58　**普通 V 带选型图**

（2）确定带轮的基准直径。

普通 V 带传动的国家标准中规定了带轮的最小基准直径和带轮的基准直径系，如表 5－11 所示。

当其他条件不变时，带轮基准直径越小，带传动越紧凑，但带内的弯曲应力越大，导致带的疲劳强度下降，传动效率下降。选择小带轮基准直径时，应使 $d_{d1} \geqslant d_{dmin}$，并取标准直径。传动比要求精确时，大带轮基准直径依据

$$d_{d2}=id_{d1}(1-\varepsilon)=\frac{n_1}{n_2}d_{d1}(1-\varepsilon)$$

一般情况下，可以忽略滑动率的影响，则有

$$d_{d2}=id_{d1}=\frac{n_1}{n_2}d_{d1} \tag{5-45}$$

（3）验算带速带速的计算式：

$$v=\frac{\pi d_{d1}n_1}{60\times 1\ 000} \tag{5-46}$$

式中：

d_{d1}——带轮基准直径，单位为 mm；

n_1——转速，单位为 r/min；

v——带速，单位为 m/s。

带速 v 太高则离心力大，使带与带轮之间的正压力减小，传动能力下降，容易打滑。带速太低，则要求有效拉力 F 越大，使带的根数过多。一般取 $v=5\sim25$ m/s 之间。当 $v=10\sim20$ m/s 时，传动效能可得到充分利用。若 v 过低或过高，可以调整 d_{d1} 或 n_1 的大小。

（4）确定中心距和基准长度。

中心距 a 的大小，直接关系到传动尺寸和带在单位时间内的绕转次数。中心距大，则传动尺寸大，但在单位时间内绕转次数可以减少，可以增加带的疲劳寿命，同时使包角增大，提高传动能力。一般可以按下式进行初选中心距 a_0：

$$0.7(d_{d1}+d_{d2})\leqslant a_0\leqslant 2(d_{d1}+d_{d2}) \tag{5-47}$$

带长根据带轮的基准直径和要求的中心距 a_0 计算：

$$L_{d0}=2a_0+\frac{\pi}{2}(d_{d1}+d_{d2})+\frac{(d_{d2}-d_{d1})^2}{4a_0} \tag{5-48}$$

根据初选的带长 L_{d0} 在表格中查取相近的基准长度 L_d，然后计算实际的中心距：

$$a=A+\sqrt{A^2-B} \tag{5-49}$$

式中：$A=\frac{L_d}{4}-\frac{\pi(d_{d1}+d_{d2})}{8}$，$B=\frac{(d_{d2}-d_{d1})^2}{8}$。

（5）验算小带轮包角：

$$\alpha_1=180°-\frac{d_{d2}-d_{d1}}{a}\times 57.3° \tag{5-50}$$

（6）确定 V 带根数：

$$z\geqslant\frac{P_c}{P}=\frac{P_c}{(P_1+\Delta P_1)K_\alpha K_L} \tag{5-51}$$

带的根数应根据计算进行圆整。当 z 过大时，应改选带轮基准直径或改选带型，重新计算。

（7）计算 V 带的初拉力。

初拉力 F_0 小，带传动的传动能力小，易出现打滑。初拉力 F_0 过大，则带的寿命低，对轴及轴承的压力大。一般认为，既能发挥带的传动能力，又能保证带的寿命的单根 V 带的初拉力应为：

$$F_0 = 500 \times \frac{(2.5 - K_\alpha)\ P_d}{K_\alpha z v} + q v^2 \tag{5-52}$$

（8）计算压轴力。

为了设计轴和轴承，应该计算 V 带对轴的压力 F_Q，F_Q 可以近似地按带两边的初拉力 F_0 的合力计算，如图 5－59 所示：

$$F_Q \approx 2zF_0 \sin\frac{\alpha_1}{2} \tag{5-53}$$

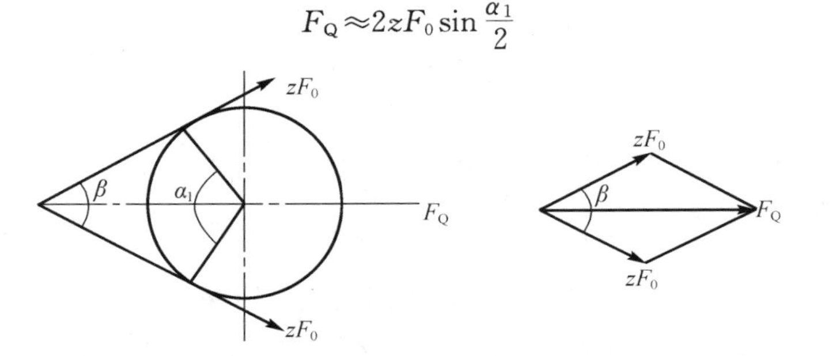

图 5－59　带传动作用在轴上的压力

五、带传动的张紧、安装与维护

1. 带传动的张紧

由于各种皮带都不是完全的弹性体，经过一段时间后，会产生塑性变形而松弛；同时，由于磨损的存在，也会使初拉力 F_0 下降，所以必须定期检查初拉力，发现不足必须重新张紧。常用的张紧方式可分为调整中心距方式与张紧轮方式两种。

（1）调整中心距方式。

①定期张紧。一般通过调节螺钉来调整中心距，以达到重新张紧的目的。如图 5－60 (a)所示的滑道式适用于水平的传动场合，如图 5－60（b）所示的摆架式适用于倾斜的传动场合。

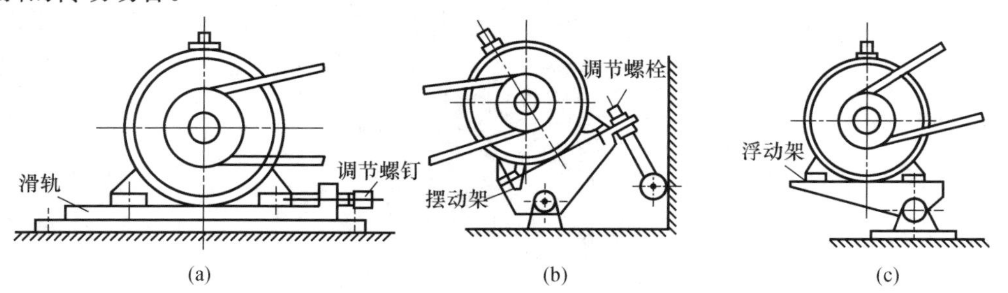

图 5－60　带传动的张紧装置

②自动张紧。如图 5－60（c）所示，将装有带轮的电动机安装在摆架上，利用电

动机的自重，使带轮随同电动机绕固定轴摆动，以自动保持张紧力。

（2）采用张紧轮。

当中心距不便调整时，可采用张紧轮装置重新张紧。为使张紧轮受力小，带的弯曲应力不改变方向，从而延长带的寿命，张紧轮一般设置在松边的内侧且靠近大轮处。若设置在外侧，则应靠近小轮，这样可以增加小轮的包角，提高带的工作能力。如图5－61所示。

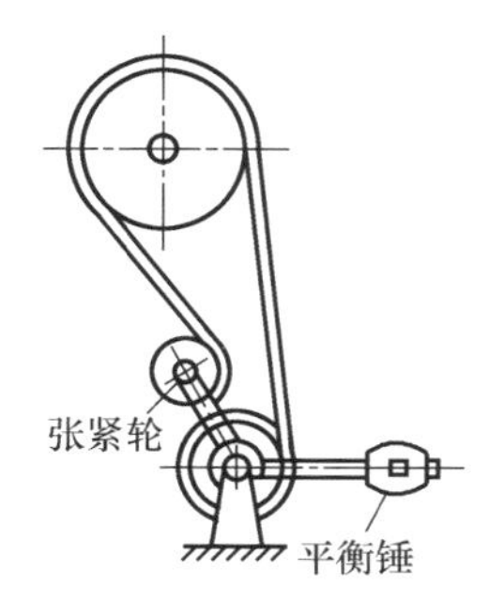

图5－61　张紧轮装置图

2. 带传动的维护

正确安装、合理使用和妥善维护，是保证V带传动正常工作及延长V带寿命的有效措施。一般应注意以下几点：

（1）安装V带时，首先缩小中心距，将V带套入轮槽中，再按初拉力进行张紧。同组使用的V带应型号相同、长度相等，不同生产厂家的V带或新旧V带不能同组使用。

（2）安装时两轮轴线必须平行，且两带轮相应的V型槽的对称平面应重合，误差不得超过±20′，否则将加剧带的磨损。

（3）带传动装置的外面应加防护罩，以保证安全，防止带与酸、碱或油接触而腐蚀传动带。

（4）带传动不需润滑，禁止往带上加润滑油或润滑脂，应及时清理带轮轮槽内的油污。

（5）如果带传动装置较长时间不用，应将传动带放松。

【任务实施】

一、案例名称

V带传动设计。

二、实施步骤

（1）教师通过讲解前面的内容，介绍带传动的工作循环。

（2）教师总结带传动的设计方法与步骤。

（3）学生独立完成带传动的设计。

（4）学生总结带传动的设计方法与步骤。

三、带传动设计要求

试设计一起重用电动机与减速器之间的V带传动。已知电机转速n_1＝1 440 r/min，

从动轮转速 $n_2=720$ r/min，单班制工作，电动机额定功率 $P=7.5$ kW，要求该传动结构紧凑。

四、设计过程

序号	步骤	表格及公式	结果
1	选择V带型号		
2	确定带轮的基准直径		
3	验算带速		
4	确定中心距及基准长度		
5	验算小带轮包角		
6	确定V带的根数		
7	计算V带的初拉力		
8	计算轴压力		
9	带轮的结构设计		

【自测题】

一、选择题和填空题

1. 带传动是依靠________来传递运动和功率的。

A. 带与带轮接触面之间的正压力　　B. 带与带轮接触面之间的摩擦力

C. 带的紧边拉力　　D. 带的松边拉力

2. 带张紧的目的是________。

A. 减轻带的弹性滑动　　B. 提高带的寿命

C. 改变带的运动方向　　D. 使带具有一定的初拉力

3. 选取V带型号，主要取决于________。

A. 带传递的功率和小带轮转速　　B. 带的线速度

C. 带的紧边拉力　　D. 带的松边拉力

4. 带传动在工作中产生弹性滑动的原因是________。

A. 带与带轮之间的摩擦系数较小　　B. 带绕过带轮产生了离心力

C. 带的弹性与紧边和松边存在拉力差　　D. 带传递的中心距大

5. 当带有打滑趋势时，带传动的有效拉力达到________，而带传动的最大有效拉力决定于________、________、________和________四个因素。

6. 带传动的最大有效拉力随预紧力的增大而________，随包角的增大而________，随摩擦系数的增大而________，随带速的增加而________。

7. 带内产生的瞬时最大应力由________和________两种应力组成。

8. 带的离心应力取决于________、________和________三个因素。

二、问答题

1. 带传动的工作原理是什么？它有哪些优缺点？

2. 当与其他传动一起使用时，带传动一般应放在高速级还是低速级？为什么？

3. 与平带传动相比，V带传动有何优缺点？

4. 在相同的条件下，为什么V带比平带的传动能力大？

5. 普通V带有哪几种型号？窄V带有哪几种型号？

6. 普通V带截面角为40°，为什么将其带轮的槽形角制成32°、34°、36°和38°四种类型？在什么情况下用较小的槽形角？

7. 带传动工作时，带内应力如何变化？最大应力发生在什么位置？由哪些应力组成？研究带内应力变化的目的是什么？

三、设计计算题

1. 已知单根普通V带能传递的最大功率 $P=6$ kW，主动带轮基准直径 $d_1=100$ mm，转速为 $n_1=1\,460$ r/min，主动带轮上的包角 $\alpha_1=150°$，带与带轮之间的当量摩擦系数 $f_v=0.51$。试求带的紧边拉力 F_1、松边拉力 F_2、预紧力 F_0 及最大有效圆周力 F_e（不考虑离心力）。

2. 设计一减速机用普通V带传动。动力机为Y系列三相异步电动机，功率 $P=7$ kW，转速 $n_1=1\,420$ r/min，减速机工作平稳，转速 $n_2=700$ r/min，每天工作 $8h$，希望中心距大约为600 mm。已知工作情况系数 $K_A=1.0$，选用A型V带，取主动轮基准直径 $d_1=100$ mm，单根A型V带的基本额定功率 $P_0=1.30$ kW，功率增量 $\Delta P_0=0.17$ kW，包角系数 $K_\alpha=0.98$，长度系数 $K_L=1.01$，带的质量 $q=0.1$ kg/m。

3. 已知V带传递的实际功率 $P=7$ kW，带速 $v=10$ m/s，紧边拉力是松边拉力的2倍。试求圆周力 F_e 和紧边拉力 F_1 的值。

4. V带传动所传递的功率 $P=7.5$ kW，带速 $v=10$ m/s，现测得张紧力 $F_0=1\,125$ N。试求紧边拉力 F_1 和松边拉力 F_2。

5. 单根带传递最大功率 $P=4.7$ kW，小带轮的 $d_1=200$ mm，$n_1=180$ r/min，$\alpha_1=135°$，$f_v=0.25$。求紧边拉力 F_1 和有效拉力 F_e（带与轮间的摩擦力，已达到最大摩擦力）。

项目六　齿轮系设计

【学习目标】

1. 培养目标

能够正确应用齿轮系实现机械传动，具备基本齿轮系应用及设计计算的能力。

2. 知识目标

掌握定轴轮系及周转轮系的设计计算过程。对定轴轮系，掌握传动比计算；对周转轮系，掌握周转轮系传动比计算和传动自由度计算。

任务一　齿轮系及其分类

【任务描述】

在现代机械中，为了满足各种不同的工作需要，仅仅使用一对齿轮是不够的。例如，在各种机床中，要将电动机的一种转速变为主轴的多级转速；在机械式钟表中，要使时针、分针、秒针之间的转速具有确定的比例关系；在汽车的传动系中换挡变速系统等，都是依靠一系列的彼此相互啮合的齿轮所组成的齿轮机构来实现的。这种由一系列的齿轮所组成的传动系统称为齿轮系，简称轮系。

【任务分析】

在一个轮系中，可以同时包括圆柱齿轮、圆锥齿轮和蜗轮蜗杆等各种类型的齿轮，根据轮系在运转过程中各齿轮的轴线在空间的位置是否变动来分析。

【知识与技能】

根据轮系在运转过程中各齿轮的轴线在空间的位置是否变动，轮系可以分为下面几类。

一、定轴轮系

在图 6－1 所示的轮系中，电机带动齿轮 1 转动，通过一系列齿轮传动，带动从动齿轮 5 转动。在这个轮系中虽然有多个齿轮，但仔细观察可以发现：在运转过程中，每个齿轮轴线的位置都是固定不变的。这种所有齿轮的轴线位置在运转过程中均固定不动的轮系，称为普通轮系或定轴轮系。

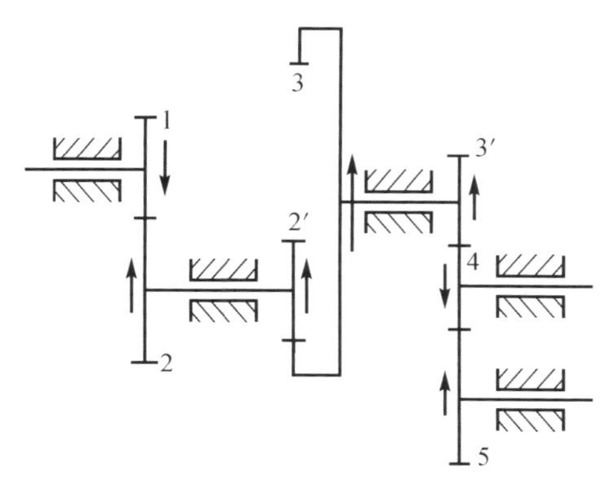

图 6－1　定轴轮系

二、周转轮系

在图 6－2 所示周转轮系示的轮系中，齿轮 1、3 的轴线相重合，它们均为定轴齿轮。而齿轮 2 的转轴装在杆件 H 的端部，在杆件 H 的带动下，它可绕齿轮 1、3 的轴线作圆周转动。这种在运转过程中至少有一个齿轮的几何轴线的位置不固定，而是绕其他定轴齿轮的轴线转动的轮系，称为周转轮系。由于齿轮 2 既绕自己的轴线作自转，又绕定轴齿轮 1、3 的轴线作公转，犹如行星绕日运行，因此称它为行星轮。带动行星轮作公转的杆件 H 则称为系杆或转臂。而行星轮所绕之公转的定轴齿轮 1 和 3 则称为中心轮，1 又可称为太阳轮。

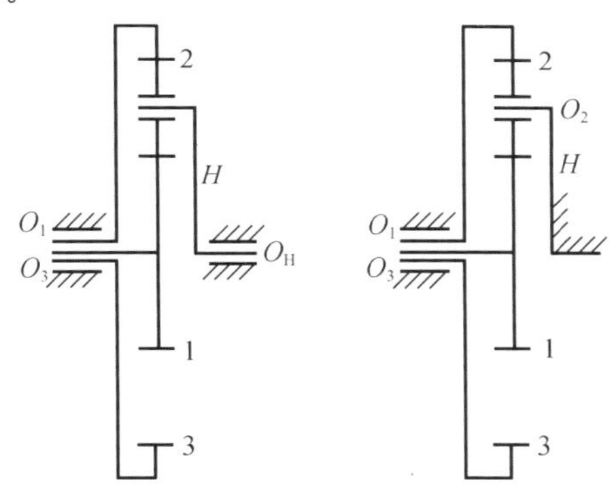

图 6－2　周转轮系

中心轮 1、3 和系杆 H 的回转轴线均固定且重合，一般以它们作为运动的输入或输出构件，通常称它们是组成周转轮系的基本构件。

三、混合轮系

在工程实际中，除了采用单一的定轴轮系和单一的周转轮系外，还常常采用既包含定轴轮系又包含周转轮系或者由若干个周转轮系所组成的复杂轮系，这种轮系称为混合轮系。如图 6－3 所示，其右边是由中心轮 1、3，行星轮 2 和系杆 H 组成的自由度为 2 的差动轮系；而左边的定轴轮系把差动轮系的中心轮 1 和 3 联接起来，于是整个轮系的自由度变为 1。通常把这种联接称为封闭，把由此而得到的自由度为 1 的轮系称为封闭差动轮系。图 6－4 所示是混合轮系的又一个例子，它是由两部分周转轮系所组成，其特点是两个周转轮系不共用同一个系杆。

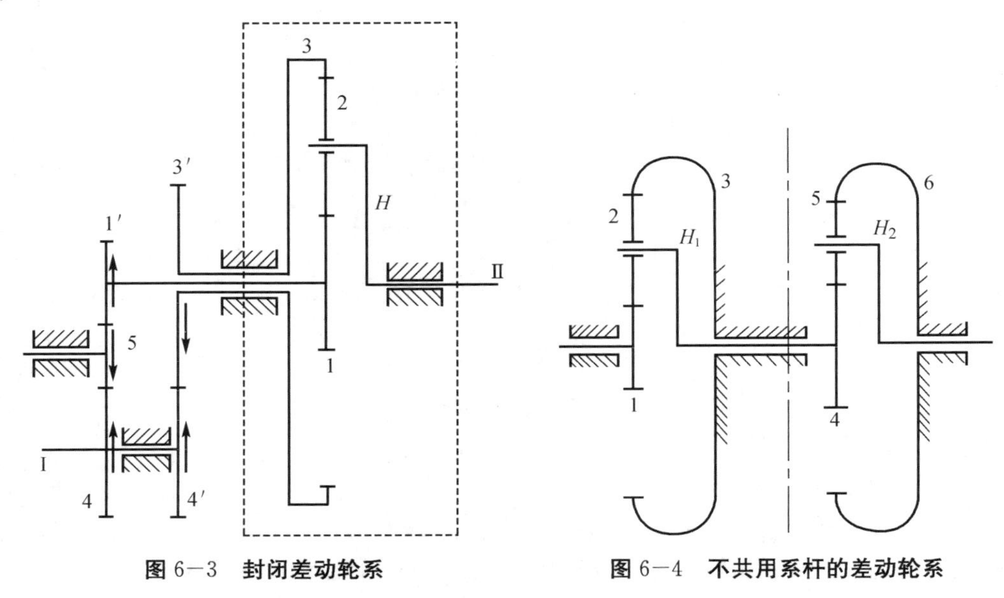

图 6—3　封闭差动轮系　　　图 6—4　不共用系杆的差动轮系

【自测题】

一、填空题

1. 根据轮系中齿轮的几何轴线是否固定，可将轮系分________轮系、________轮系和________轮系三种。

2. 周转轮系由________、________和________三种基本构件组成。

3. 旋转齿轮的几何轴线位置均________的轮系，称为定轴轮系。

二、问答题

何谓定轴轮系？何谓周转轮系？

任务二　定轴轮系的传动比计算

【任务描述】

一对齿轮的传动比是指该对齿轮的角速度之比，而轮系的传动比是指所研究轮系中的首末两构件的角速度（或转速）之比，用 i_{AK} 表示。

【任务分析】

为了完整地描述 A、K 两构件的运动关系，计算传动比时不仅要确定两构件的角速度比的大小，而且要确定他们的转向关系，即轮系传动比的计算内容包括大小和方向。

【知识与技能】

一、传动比大小的计算

下面首先以图 6－5 所示的定轴轮系为例介绍传动比的计算方法与步骤。

齿轮 1、2、3、5′、6 为圆柱齿轮；3′、4、4′、5 为圆锥齿轮。设齿轮 1 为主动轮（首轮），齿轮 6 为从动轮（末轮），其轮系的传动比为：$i_{16}=\omega_1/\omega_6$。

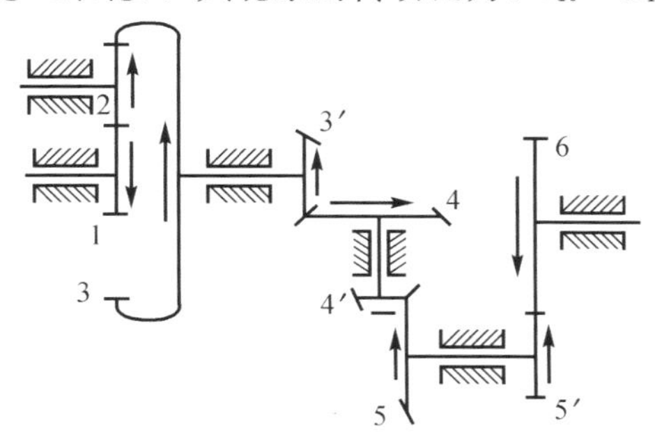

图 6－5　空间定轴轮系

从图中可以看出，齿轮 1、2 为外啮合，2、3 为内啮合。根据上一章所介绍的内容，可以求得图中各对啮合齿轮的传动比大小：

$$i_{12}=\frac{\omega_1}{\omega_2}=\frac{z_2}{z_1} \tag{a}$$

$$i_{23}=\frac{\omega_2}{\omega_3}=\frac{z_3}{z_2} \tag{b}$$

$$i_{3'4}=\frac{\omega_{3'}}{\omega_4}=\frac{z_4}{z_{3'}} \tag{c}$$

$$i_{4'5}=\frac{\omega_{4'}}{\omega_5}=\frac{z_5}{z_{4'}} \tag{d}$$

$$i_{5'6}=\frac{\omega_{5'}}{\omega_6}=\frac{z_6}{z_{5'}} \tag{e}$$

因为 $\omega_3=\omega_{3'}$、$\omega_4=\omega_{4'}$，分析以上式子可以看出，主动轮 1 的角速度 ω_1 出现在式（a）的分子中，从动轮 6 的角速度 ω_6 出现在式（e）的分母中，而各中间齿轮的角速度 ω_2、ω_3、ω_4、ω_5 在这些式子的分子和分母中各出现一次。

将上面的式子连乘起来得到

$$i_{12}i_{23}i_{3'4}i_{4'5}i_{5'6}=\frac{\omega_1}{\omega_2}\cdot\frac{\omega_2}{\omega_3}\cdot\frac{\omega_3}{\omega_4}\cdot\frac{\omega_4}{\omega_5}\cdot\frac{\omega_5}{\omega_6}=\frac{\omega_1}{\omega_6}=\frac{z_2}{z_1}\cdot\frac{z_3}{z_2}\cdot\frac{z_4}{z_{3'}}\cdot\frac{z_5}{z_{4'}}\cdot\frac{z_6}{z_{5'}} \tag{f}$$

即

$$i_{16}=\frac{\omega_1}{\omega_6}=\frac{z_3z_4z_5z_6}{z_1z_{3'}z_{4'}z_{5'}} \tag{6－1}$$

上式说明，定轴轮系的传动比等于组成该轮系的各对啮合齿轮传动比的连乘积。其大小等于各对啮合齿轮所有从动轮齿数的连乘积与所有主动轮齿数连乘积之比。即通式为

$$\text{定轴轮系传动比大小}=\frac{\text{所有从动轮齿数连乘积}}{\text{所有主动轮齿数连乘积}} \tag{6－2}$$

二、主、从动轮转向关系的确定

齿轮传动的转向关系有用正负号表示或用画箭头表示两种方法。

1. 正、负号法

对于轮系所有齿轮轴线平行的轮系，由于两轮的转向或者相同、或者相反，因此我们规定：两轮转向相同，其传动比取“+”；转向相反，其传动比取“−”。其“+”、“−”可以用箭头法判断出的两轮转向关系来确定，如图 6−1 所示的轮系；也可以直接计算而得到，由于在一个所有齿轮轴线平行的轮系中，每出现一对外啮合齿轮，齿轮的转向改变一次。如果有 m 对外啮合齿轮，可以用 $(-1)^m$ 表示传动比的正负号。对于图 6−1 所示的轮系，$m=3$，所以其传动比为

$$i_{15}=\frac{\omega_1}{\omega_5}=(-1)^3\frac{z_2z_3z_5}{z_1z_{2'}z_{3'}}=-\frac{z_2z_3z_5}{z_1z_{2'}z_{3'}}$$

由图 6−1 可以看出，齿轮 4 同时与齿轮 3 和齿轮 5 相啮合，对于齿轮 3 来讲，它是从动轮，对于齿轮 5 来讲，它又是主动轮，因此其齿数在式（6−1）的分子、分母中同时出现，可以约去。齿轮 4 的作用仅仅是改变齿轮 5 的转向，其齿数的多少并不影响该轮系传动比的大小，这样的齿轮称为惰轮。

对于所有齿轮的几何轴线不都平行，但首、尾两轮的轴线互相平行的情况，如图 6−6所示的轮系中，不考虑齿轮 5′与齿轮 6 的啮合，假定齿轮 5 为末齿轮，由图知齿轮 3′和齿轮 4 的几何轴线不平行，它们的转向无所谓相同或相反。同样齿轮 4′和齿轮 5 的几何轴线也不平行，它们的转向也无所谓相同或相反。在这种情况下，可在图上用箭头来表示各轮的转向。由于该轮系中首、尾两轮（齿轮 1 和 5）的轴线互相平行，所以仍可根据图中由箭头所确定的方向在总传动比的计算结果中加上“+”、“−”号来表示主、从动轮的转向关系。图中，主动齿轮 1 和从动齿轮 5 的转向相反，故其传动比

$$i_{15}=\frac{\omega_1}{\omega_5}=-\frac{z_2z_3z_4z_5}{z_1z_2z_{3'}z_{4'}}=-\frac{z_3z_4z_5}{z_1z_{3'}z_{4'}}$$

2. 箭头法

在图 6−6 所示的轮系中，设首轮 1（主动轮）的转向已知，并用箭头方向代表齿轮可见一侧的圆周速度方向，则首末轮及其他轮的转向关系可用箭头表示。因为任何一对啮合齿轮，其节点处圆周速度相同，则表示两轮转向的箭头应同时指向或背离节点。由图可见，轮 1、6 的转向相同。实际上，箭头法对任何一种轮系都是适用的。在轮系中，轴线不平行的两个齿轮的转向没有相同或相反的意义，所以只能用箭头法。

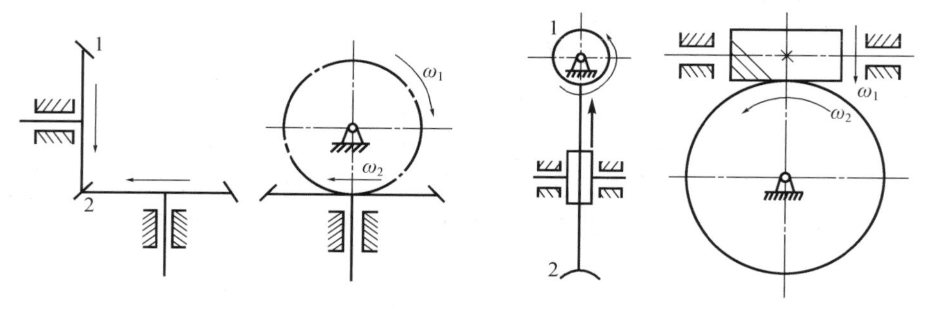

图 6−6 用箭头表示轮系转向

例 6－1　图 6－7 所示的齿轮系中，已知 $z_1=z_2=z_3'=z_4=20$，齿轮 1、3、3′和 5 同轴线，各齿轮均为标准齿轮。若已知轮 1 的转速为 $n_1=1\ 440$ r/min，求轮 5 的转速。

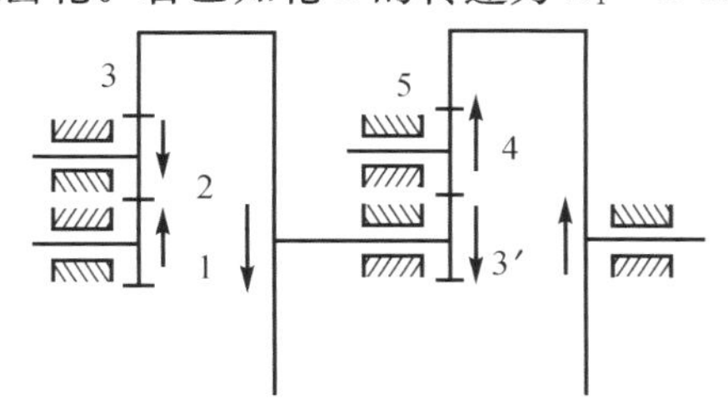

图 6－7　定轴轮系传动比计算

解：由图知该齿轮系为一平面定轴齿轮系，齿轮 2 和 4 为惰轮，齿轮系中有两对外啮合齿轮，由式（6－2）得

$$i_{15}=\frac{n_1}{n_5}=(-1)^2\frac{z_3z_5}{z_1z_3'}=\frac{z_3z_5}{z_1z_3'}$$

因齿轮 1、2、3 的模数相等，故它们之间的中心距关系为

$$\frac{m}{2}(z_1+z_2)=\frac{m}{2}(z_3-z_2)$$

此式中 m 为齿轮的模数。由上式可得

$$z_3=z_1+2z_2=20+2\times20=60$$

同理可得 $$z_5=z_3'+2z_4=20+2\times20=60$$

所以 $$n_5=n_1(-1)^2\frac{z_1z_3'}{z_3z^5}=1\ 440\times\frac{20\times20}{60\times60}=160\ (\text{r/min})$$

其中 n_5 为正值，说明齿轮 5 与齿轮 1 转向相同。

【任务实施】

一、案例名称

定轴轮系传动比的计算。

二、实施步骤

（1）教师通过图片、视频增加学生对定轴齿轮轮系的认识。

（2）教师总结定轴轮系传动比计算的方法与步骤。

（3）学生独立判断定轴轮系中各轮的转向。

（4）学生独立计算定轴轮系的传动比。

三、分析

请思考如图 6－8 所示机构的构件数目、传动路线？

四、计算

已知蜗杆的转速为 $n_1=900$ r/min（顺时针），$z_1=2$，$z_2=60$，$z_{2'}=20$，$z_3=24$，$z_{3'}=20$，$z_4=24$，$z_4=30$，$z_5=35$，$z_5'=28$，$z_6=135$。求 n_6 的大小和方向。

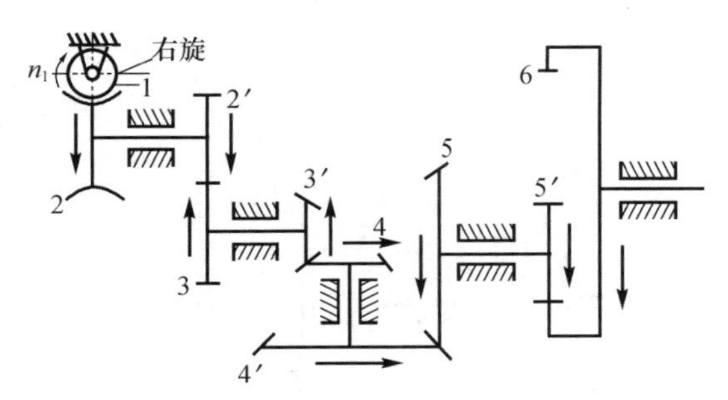

图 6—8　首末两轴不平行的定轴轮系传动比计算

【自测题】

一、填空题

1. 轮系中________两轮________之比，称为轮系的传动比。

2. 加惰轮的轮系只能改变________的旋转方向，不能改变轮系的________。

3. 定轴轮系的传动比，等于组成该轮系的所有轮齿数连乘积与所有________轮齿数连乘积之比。

二、问答题

1. 什么叫惰轮？它在轮系中有什么作用？

2. 定轴轮系的传动比如何计算？式中 $(-1)^m$ 有什么意义？

3. 怎样判别定轴轮系末端的转向？

三、计算题

1. 在如图 6—9 所示轮系中，已知各齿轮齿数分别为 $z_1=18$，$z_2=54$，$z_{2'}=25$，$z_3=30$，$z_{3'}=45$，$z_4=50$。求 i_{14} 的值。

2. 如图 6—10 所示，已知各个齿轮齿数分别为 $z_1=18$，$z_2=72$，$z_3=25$，$z_4=35$，$z_5=2$，$z_6=50$。求 i_{16} 的值。

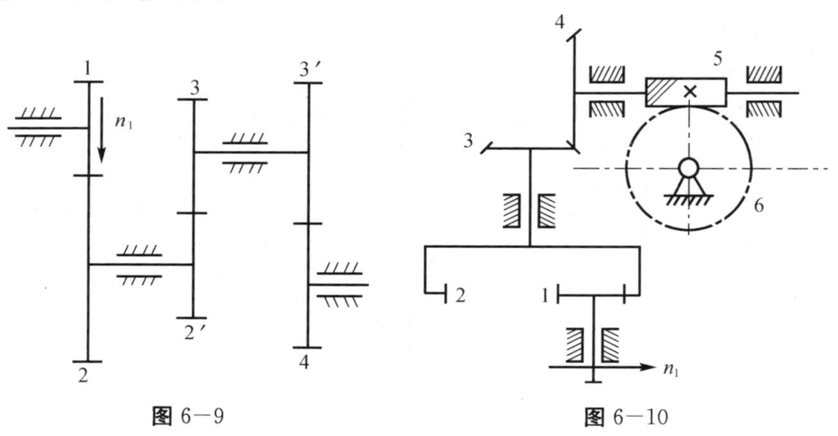

图 6—9　　　　图 6—10

任务三　周转轮系传动比的计算

【任务描述】

通过对周转轮系和定轴轮系的观察分析发现，它们之间的根本区别就在于周转轮系中有着转动的系杆，使得行星轮既有自转又有公转，各轮之间的传动比计算不再是与齿数成反比的简单关系。

【任务分析】

由于周转轮系的传动比不能直接利用定轴轮系的方法进行计算。但是根据相对运动原理，假如我们给整个周转轮系加上一个公共的角速度 $-\omega_H$，则各个齿轮、构件之间的相对运动关系仍将不变，但这时系杆的绝对运动角速度为 $\omega_H-\omega_H=0$，即系杆相对变为“静止不动”，这样周转轮系便转化为定轴轮系了。

【知识与技能】

一、转化轮系法

我们称这种经过一定条件转化得到的假想定轴轮系为原周转轮系的转化机构或转化轮系，利用这种方法求解轮系的方法称为转化轮系法。

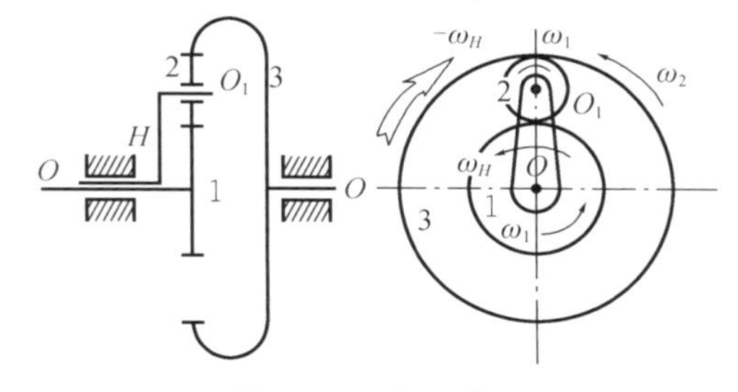

图 6－11　行星轮系

二、转化轮系的传动比

如图 6－11 所示的一基本轮系，按照上述方法转化后得到定轴轮系如图 6－12 所示，在转化轮系中，各构件的角速度变化情况如表 6－1 所示。我们可以求出此转化轮系的传动比 i_{13}^H 为

$$i_{13}^H=\frac{\omega_1^H}{\omega_3^H}=\frac{\omega_1-\omega_H}{\omega_3-\omega_H}=-\frac{z_2z_3}{z_1z_2}=-\frac{z_3}{z_1}$$

“－”号表示在转化轮系中 ω_1^H 和 ω_3^H 转向相反。

从上可以看出，转化轮系中构件之间传动比的求解通式为

$$i_{mn}^H=\frac{\omega_m-\omega_H}{\omega_n-\omega_H}$$

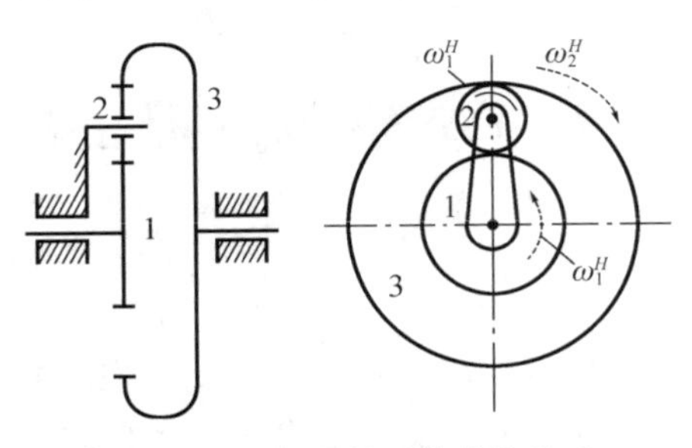

图 6—12　行星轮系的转化轮系

表 6—1　转化轮系中各构件的转速

构件	原有角速度	转化后角速度
行星架 H	ω_H	$\omega_H - \omega_H = 0$
齿轮 1	ω_1	$\omega_1^H = \omega_1 - \omega_H$
齿轮 2	ω_2	$\omega_2^H = \omega_2 - \omega_H$
齿轮 3	ω_3	$\omega_3^H = \omega_3 - \omega_H$
机架 4	$\omega_4 = 0$	$\omega_4 = -\omega_H$

若上述轮系中的太阳轮 1 和 3 之中的一个固定，如令 $\omega_3 = 0$，则轮系的传动比为

$$i_{13}^H = \frac{\omega_1^H}{\omega_3^H} = \frac{\omega_1 - \omega_H}{0 - \omega_H} = -\frac{z_3}{z_1}$$

即

$$i_{1H} = \frac{\omega_1}{\omega_H} = 1 - i_{13}^H$$

综上所述，我们可以得到周转轮系传动比的通用表达式。设周转轮系中太阳轮分别为 A、K，系杆为 H，则转化轮系的传动比为：

$$i_{AK} = \frac{\omega_A^H}{\omega_K^H} = \pm \frac{\text{转化轮系中 } A \text{ 到 } K \text{ 各从动轮齿数连乘积}}{\text{转化轮系中 } A \text{ 到 } K \text{ 各主动轮齿数连乘积}} \tag{6-3}$$

对 $\omega_K = 0$ 或 $\omega_A = 0$ 的行星轮系，根据上式可推出其传动比的通用表达式分别为

$$\begin{cases} i_{AH} = \dfrac{\omega_A}{\omega_H} = 1 - i_{AK}^H \\ i_{AH} = \dfrac{\omega_K}{\omega_H} = 1 - i_{KA}^H \end{cases}$$

特别注意：

(1) 通用表达式中的“±”号，不仅表明转化轮系中两太阳轮的转向关系，而且直接影响 ω_A、ω_K、ω_H 之间的数值关系，进而影响传动比计算结果的正确性，因此不能漏判或错判。

(2) ω_A、ω_K、ω_H 均为代数值，使用公式时要带相应的“±”。

(3) 式中“±”不表示周转轮系中轮 A、K 之间的转向关系，仅表示转化轮系中轮 A、K 之间的转向关系。

(4) 周转轮系与定轴轮系的差别就在于有无系杆（行星轮）存在。

例 6－2　如图 6－13 所示的轮系，如已知各轮齿数 $z_1=50$，$z_2=30$，$z_{2'}=20$，$z_3=100$；且已知轮 1 与轮 3 的转数分别为 $|n_1|=100$ r/min，$|n_2|=200$ r/min。

试求：当（1）n_1、n_2 同向转动；（2）n_1、n_2 异向转动时，系杆 H 的转速及转向。

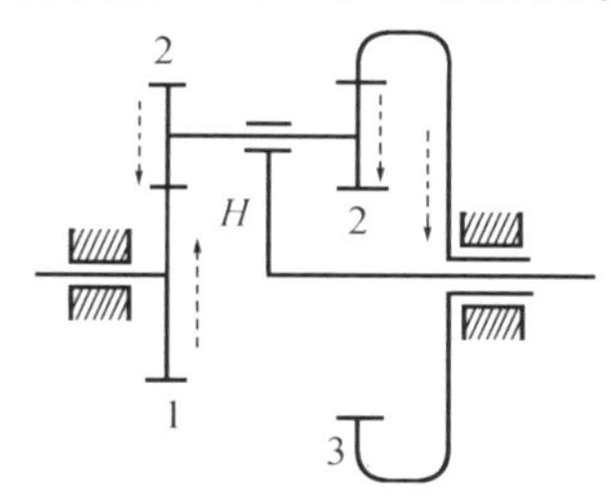

图 6－13　行星轮系传动比计算

解：这是一个周转轮系，因两中心轮都不固定，其自由度为 2，故属差动轮系。现给出了两个原动件的转速 n_1、n_2，故可以求得 n_H。根据转化轮系基本公式可得

$$i_{13}^H=\frac{n_1^H}{n_3^H}=\frac{n_1-n_H}{n_3-n_H}=(-1)^m\frac{z_2z_3}{z_1z_{2'}}=-\frac{30\times100}{50\times20}=-3$$

齿数前的符号确定方法同前，即：按定轴轮系传动比计算公式来确定符号。在此，$m=1$，故取负号。

（1）当 n_1、n_2 同向转动时，他们的负号相同，取为正，代入上式得

$$\frac{100-n_H}{200-n_H}=-3$$

求得 $n_H=175$ r/min 由于 n_H 符号为正，说明 n_H 的转向与 n_1、n_2 相同。

（2）当 n_1、n_2 异向时，他们的符号相反，取 n_1 为正、n_2 为负，代入上式可以求得

$$n_H=-125\ \text{r/min}$$

由于 n_H 符号为负，说明 n_H 的转向与 n_1 相反，而与 n_2 相同。

【任务实施】

一、案例名称

周转轮系传动比计算。

二、实施步骤

（1）教师通过图片、视频增加学生对周转轮系的认识。

（2）教师总结轮系转化法。

（3）学生独立分析机构的构件数目、运动副类型和数目。

（4）学生独立分析各个齿轮机构的运动方向。

（5）学生独立计算轴转轮系的传动比。

三、任务要求

如图 6－12 所示的行星轮系，已知 $z_1=z_2'=100$，$z_2=99$，$z_3=101$，行星架 H 为原动件，试求传动比 i_{H1}。

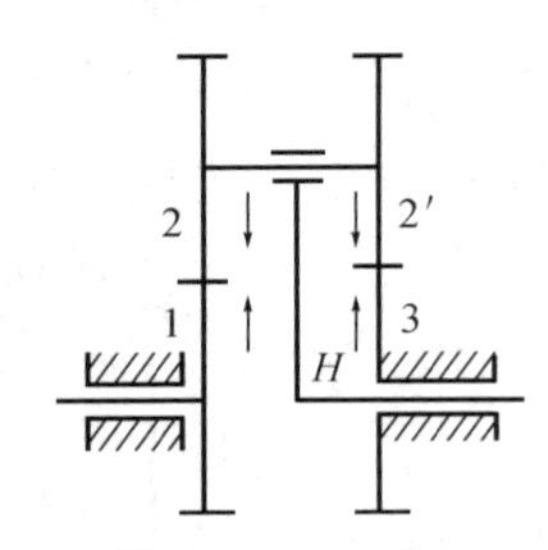

图 6—14 行星减速器中的齿轮系

四、计算过程

(1) 转化轮系中各构件的转化角速度。

(2) 转化轮系中构件 1 与构件 3 传动比。

(3) 利用周转轮系传动比的计算公式求解传动比 i_{H1}。

【自测题】

一、填空题

1. 周转轮系可获得________的传动比和________的功率传递。

2. 在周转转系中，凡具有________几何轴线的齿轮，称中心轮，凡具有________几何轴线的齿轮，称为行星轮，支持行星轮并和它一起绕固定几何轴线旋转的构件，称为________。

二、分析计算题

图 6—15 所示为锥齿轮组成的周转轮系。已知 $z_1=z_2=17$，$z_2{}'=30$，$z_3=45$，若轮 1 转速 $n_1=200$ r/min，试求系杆转速 n_H。

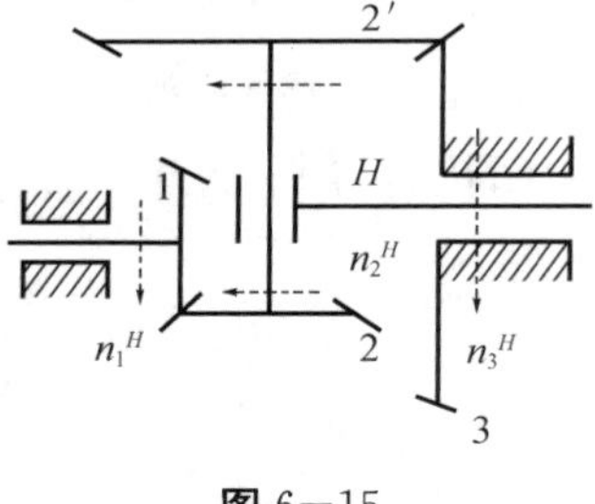

图 6—15

【拓展知识】

一、混合轮系传动比的计算方法与步骤

计算混合轮系的传动比时，不能将整个轮系按求定轴轮系或周转轮系传动比的方法来计算，而应将混合轮系中的定轴轮系和周转轮系区分开，分别列出它们的传动比计算公式，最后联立求解。

(1) 将该混合轮系所包含的各个定轴轮系和各个基本周转轮系一一划分出来；

(2) 找出各基本轮系之间的联接关系；

(3) 分别计算各定轴轮系和周转轮系传动比的计算关系式；

（4）联立求解这些关系式，从而求出该混合轮系的传动比。

二、计算举例

例 6－3　如图 6－16 所示的轮系，若各齿轮的齿数已知，试求传动比 i_{1H}。

解： 根据前面介绍的划分轮系方法进行分析，此轮系是由齿轮 1、2 构成的定轴轮系及齿轮 2′、3、4 和行星架 H 构成的周转轮系复合而成的混合轮系。

定轴轮系部分的传动比为

$$i_{12}=\frac{\omega_1}{\omega_2}=-\frac{z_2}{z_1}\text{或}\ \omega_1=-\omega_2\frac{z_2}{z_1} \tag{a}$$

周转轮系部分是一个行星轮系，其传动比为

$$i_{2'H}=1-i_{2'4}^{H}=1+\frac{z_4}{z_{2'}}\text{或}\ \omega_2=\omega_H\left(1+\frac{z_4}{z_{2'}}\right) \tag{b}$$

将（b）代入（a）式得

$$\omega_1=-\omega_H\left(1+\frac{z_4}{z_{2'}}\right)\left(\frac{z_2}{z_1}\right)$$

于是，可最后求得此复合轮系的传动比为

$$i_{1H}=-\left(1+\frac{z_4}{z_{2'}}\right)\left(\frac{z_2}{z_1}\right)$$

例 6－4　如图 6－17 所示为滚齿机中应用的混合轮系，设已知各齿轮的齿数 $z_1=30$，$z_2=26$，$z_{2'}=z_3=z_4=21$，$z_{4'}=30$，$z^5=2$（右旋蜗杆）；又已知齿轮 1 的转速为 $n_1=260$ r/min（方向如图所示），蜗杆 5 的转速为 $n_5=600$ r/min（方向如图所示），试求传动比 i_{1H}。

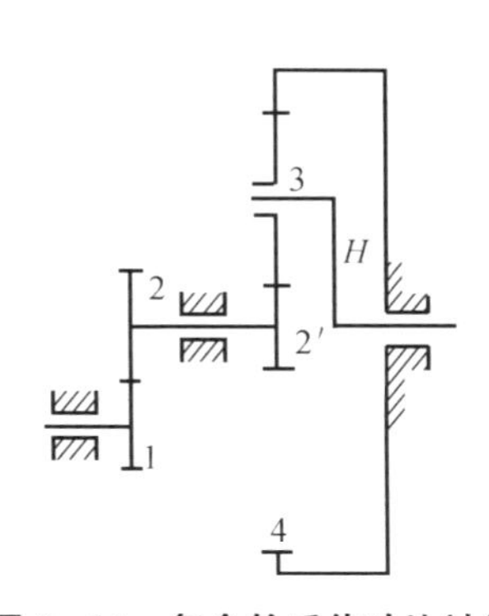

图 6－16　复合轮系传动比计算

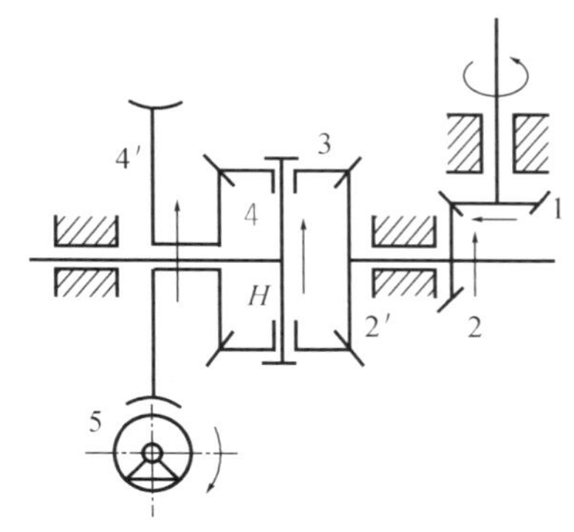

图 6－17　滚齿机中的复合轮系

解： 由图 6－17 可知，齿轮 2′、3、4 及行星架 H 组成周转轮系，而齿轮 1、2 及蜗轮 4′和蜗杆 5 分别组成两个定轴轮系。各部分的传动比分别为

$$i_{12}=\frac{n_1}{n_2}=\frac{z_2}{z_1}=\frac{26}{30}$$

因而得

$$n_2=n_1\times\frac{30}{26}=260\times\frac{30}{26}=300\ (\text{r/min})$$

$$i_{4'5}=\frac{n_{4'}}{n_5}=\frac{z_5}{z_{4'}}=\frac{2}{30}$$

因而得

$$n^{4'}=n_5\times\frac{2}{30}=600\times\frac{2}{30}=40\text{（r/min）}$$

而
$$i_{2'4}^{H}=\frac{n_{2'}-n_H}{n_4-n_H}=-\frac{z_4}{z_{2'}}$$

由于 $n_{2'}=n_2$、$n_{4'}=n_4$，且转向均相同，故将 $n_{2'}$ 及 n_4 的值代入后，可以求得

$$n_H=170\ \text{r/min}$$

转向如图 6－17 所示。于是，最后可以求得该复合轮系中构件 1 与 H 的传动比为

$$i_{1H}=\frac{n_1}{n_H}=\frac{260}{170}=\frac{26}{17}$$

项目七　轴系零部件的设计与应用

【学习目标】

1. 培养目标

能正确识别不同种类的轴，能根据轴系的工作条件对轴系结构进行分析与改进；能根据使用要求给轴系选择合适的轴承，能给轴系选择合适的密封方式。

2. 知识目标

了解轴的功用、分类及常用材料及热处理，掌握轴的结构设计方法；掌握轴的强度计算方法；掌握滚动轴承的类型、特点及代号，了解滚动轴承类型的选择；掌握滚动轴承的寿命计算；理解基本额定寿命与基本额定动载荷。

任务一　轴的类型与材料选择

【任务描述】

轴是用来支撑做旋转运动的零件（齿轮、带轮等），以实现旋转运动并传递运动和动力，是组成机器的重要零件。根据轴线几何形状不同，可以将轴分为直轴和曲轴两大类。根据轴承受载荷的性质，可以分为转轴、心轴和传动轴。各类轴应根据其机械性能要求来选择轴的材料及热处理方式。

【任务分析】

直轴与曲轴是根据轴线的几何形状来区分的，在实际应用中各有优缺点。转轴、心轴和传动轴是根据轴的承载类型来区分的，它们的强度计算方法有所区别，还应根据轴的应用场合选择合适的材料及热处理方式。

【知识与技能】

一、轴的分类

1. 按轴线形状分类

根据轴线几何形状不同，可以将轴分为直轴（图 7－1）和曲轴（图 7－2）两大类。曲轴是往复式机械的专用零件，直轴一般为实心。若轴中需要通过其他零件或减轻轴的重量、转动惯量等，也将轴制成空心。直轴按其外形不同又可分为光轴［图 7－1（a)］和阶梯轴［图 7－1（b)］。光轴结构简单，便于加工，应力集中小，常用作传动轴；阶梯轴的各轴段截面直径不同，便于轴上零件的拆装和定位，应用广泛。

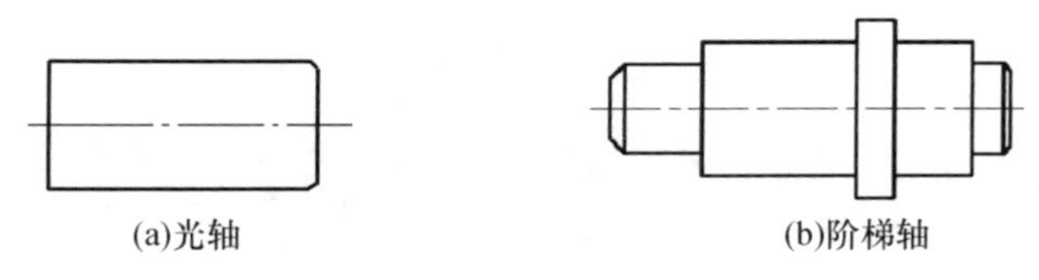

图 7—1　直轴

除直轴和曲轴外，还有一些有特殊用途的轴，如钢丝软轴（图 7—3）等。

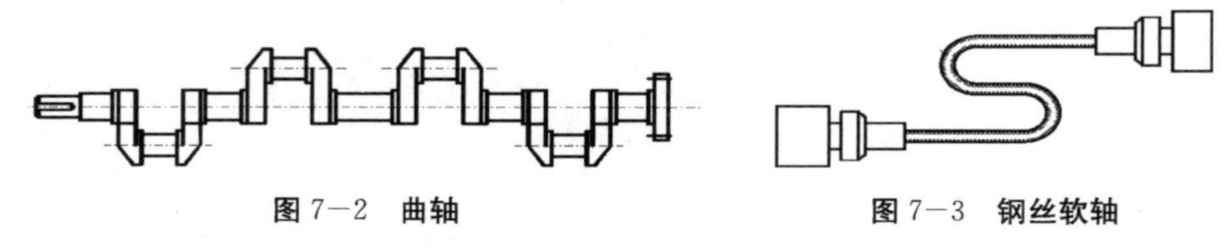

图 7—2　曲轴　　图 7—3　钢丝软轴

2. 按轴承受的载荷分类

根据承载情况不同，可以将轴分为转轴、心轴和传动轴等三类。

(1) 心轴，只承受弯矩不承受扭矩的轴。心轴又可分为转动心轴［图 7—4（a)］和固定心轴［图 7—4（b)］。

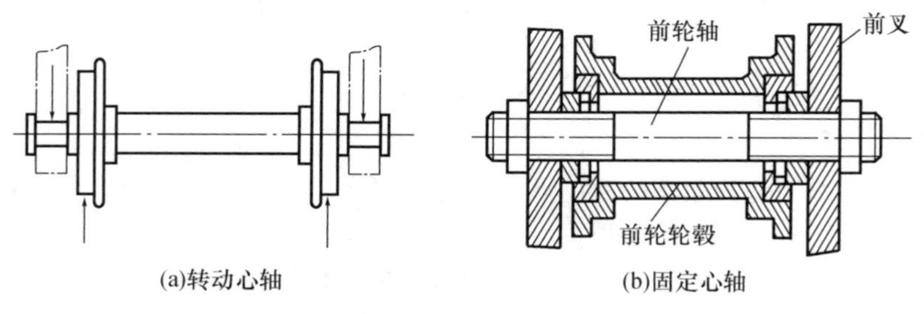

图 7—4　心轴

(2) 传动轴，只承受扭矩而不承受弯矩或承受弯矩较小的轴，如图 7—5 所示。

(3) 转轴，同时承受扭矩和弯曲载荷的作用，例如齿轮减速器中的轴，如图 7—6 所示。

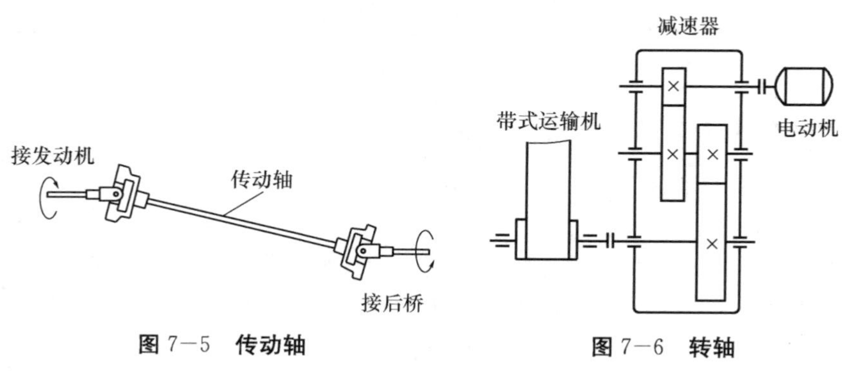

图 7—5　传动轴　　图 7—6　转轴

二、轴的材料选择

轴的主要材料是碳钢和合金钢。

碳钢具有价格低廉，对应力集中的敏感性较低，可利用热处理提高其耐磨性和抗疲劳强度的特点。常用的有 35、40、45、50 钢，其中以 45 钢使用最广。对于受力较小的

或不太重要的轴，可以使用 Q235、Q275 等普通碳素钢。

合金钢用于强度要求较高、尺寸较小或有其他特殊要求的轴。耐磨性要求较高的可以采用 20Cr、20CrMnTi 等低碳合金钢进行表面渗碳处理；强度要求较高的轴可以使用 40Cr 或用 35SiMn、40MnB 等进行调质热处理。

合金钢比碳素钢机械强度高，热处理性能好，但对应力集中敏感性高，价格也较高，设计时应特别注意从结构上避免和降低应力集中，提高表面质量等。

对于形状复杂的轴，如曲轴、凸轮轴等，可采用球墨铸铁或高强度铸造材料，易于得到所需形状，而且具有较好的吸振性能和好的耐磨性，对应力集中的敏感性也较低。

在一般工作温度下，各种碳钢和合金钢的弹性模量相差不大，故在选择钢的种类和热处理方法时，所依据的主要是强度和耐磨性，而不是轴的弯曲刚度和扭转刚度等。

轴的常用材料及其机械性能列于表 7－1。

表 7－1　轴的常用材料及其机械性能

材料及热处理	毛坯直径 d/mm	硬度/HBS	强度极限 σ_b	屈服点 σ_s	弯曲疲劳极限 σ^{-1}	应用说明
			MPa			
Q235			440	240	200	用于不重要或载荷不大的轴
Q275			580	280	230	
35 正火	≤100	149～187	520	270	250	应用较广泛
45 正火	≤100	170～217	600	300	275	用于较为重要的轴，应用最广泛
45 调质	≤200	217～255	650	360	300	
40Cr 调质	25		1 000	800	500	用于载荷较大，而无很大冲击的重要轴
	≤100	241～286	750	550	350	
	＞100～300	241～266	700	550	340	
40Mn 调质	25		1 000	800	485	性能接近 40Cr，用于重要的轴。
	≤200	241～286	750	500	335	
35SiMn 调质	≤100	229～286	800	520	355	用于中、小型轴
20Cr 渗碳淬火回火	15	表面 56～62HRC	850	550	375	用于要求强度、韧性及耐磨性均较高的轴
	≤60		650	400	280	

【自测题】

一、选择题和填空题

1. 工作时只承受弯矩，不传递转矩的轴，称为________。

A. 心轴　　B. 转轴　　C. 传动轴　　D. 曲轴

2. 根据轴的承载情况，________的轴称为转轴。

A. 既承受弯矩又承受转矩　　B. 只承受弯矩不承受转矩

C. 不承受弯矩只承受转矩　　D. 承受较大轴向载荷

3. 自行车的中轴是________轴，而前轮轴是________轴。

二、问答题

轴受载荷的情况可分哪三类？试分析自行车的前轴、中轴、后轴的受载情况，说明它们各属于哪类轴？

任务二　轴的结构设计

【任务描述】

轴的结构设计包括确定轴的合理外形和全部结构尺寸，由于影响轴的结构的因素较多，且其结构形式又要随着具体情况的不同而异，所以轴没有标准的结构形式。设计时，必须针对不同情况进行具体的分析。但是，不论何种具体条件，轴的结构都应满足：轴和装在轴上的零件要有准确的位置，轴上零件应便于装拆和调整，轴应具有良好的制造工艺性等。

【任务分析】

轴的结构主要取决于以下因素：轴在机器中的安装位置及形式，轴上安装零件的类型、尺寸、数量以及和轴联接的方法；载荷的性质、大小、方向及分布情况，轴的加工工艺等。

【知识与技能】

一、轴的组成

图 7－7 所示为齿轮减速器的低速轴，圆周上安装传动零件的部分称为轴头，轴被轴承所支承的部分称为轴颈，连接轴头和轴颈的部分称为轴身，用作轴上零件轴向定位的台阶部分称为轴肩，用作轴上零件轴向定位的环形部分称为轴环。

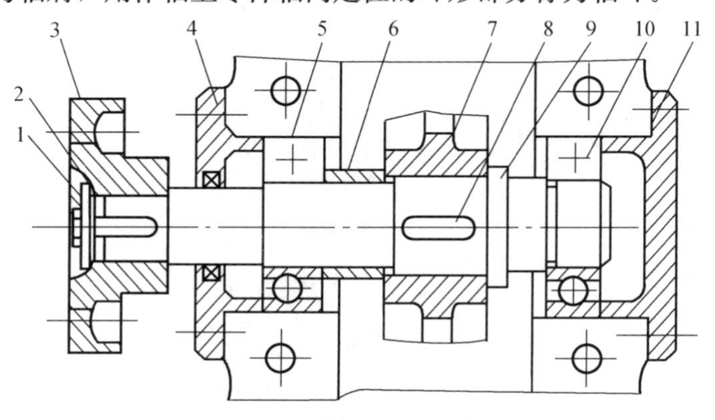

图 7－7　减速器低速轴

1－轴端挡圈　2－键　3－联轴器　4－轴承端盖　5－滚动轴承
6－套筒　7－齿轮　8－键　9－轴环　10－滚动轴承　11－轴承端盖

二、轴上零件的定位

1. 轴上零件的轴向定位

定位是针对装配而言的，为了保证轴上零件有准确的安装位置；固定是针对工作而言的，为了使轴上零件在运转中保持原位不变。为了传递运动和动力，保证机械的工作精度和使用可靠，零件必须可靠地安装在轴上，不允许零件沿轴向发生相对运动。因此，轴上零件都必须有可靠的轴向定位措施。

轴上零件的轴向定位方法取决于零件所承受的轴向载荷大小。常用的轴向定位方法有以下几种。

（1）轴肩与轴环定位。方便可靠、不需要附加零件，能承受的轴向力大，是最常用的轴向固定方法。为了保证零件与定位面靠紧，轴上过渡圆角半径应小于零件圆角半径 R 或倒角 C，一般定位高度取为（0.07～0.1）d（d 为与零件相配处的轴的直径，单位为 mm），轴环宽度 $b\approx1.4h$，如图 7－8 所示。

（2）套筒定位。可简化轴的结构，减小应力集中，结构简单、定位可靠。多用于轴上零件间距离较小的场合。由于套筒与轴之间存在间隙，所以高速情况下不宜使用。套筒内径与轴的配合较松，套筒结构、尺寸可以根据需要灵活设计，如图 7－9 所示。

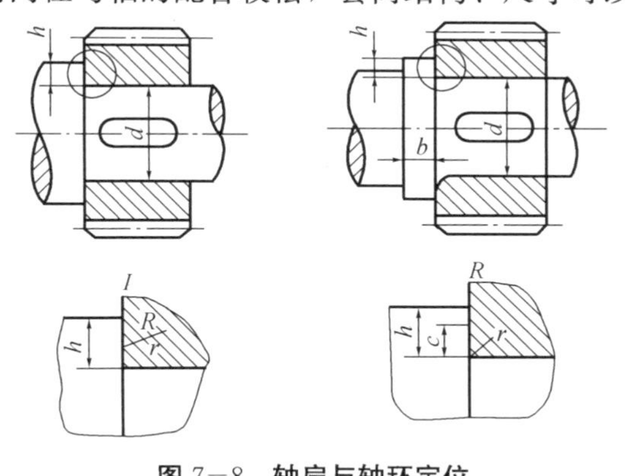

图 7－8　轴肩与轴环定位

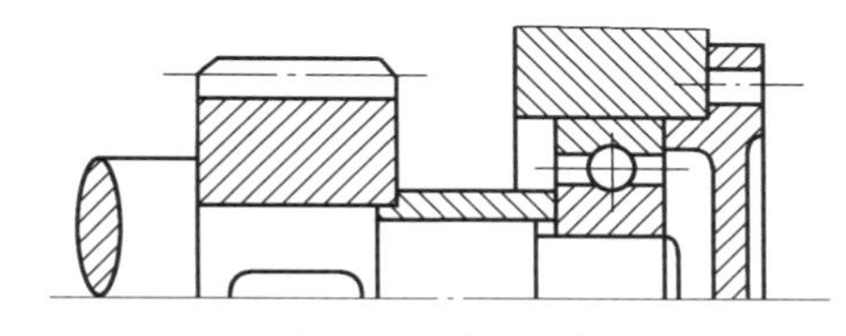

图 7－9　套筒定位

（3）轴端挡圈定位。工作可靠，能够承受较大的轴向力，应用广泛。只用于轴端零件轴向定位，需要采用止动垫片等防松措施，如图 7－10 所示。

（4）圆锥面定位。装拆方便，兼作周向定位。适用于高速、冲击以及对中性要求较高的场合。用于轴端零件轴向定位，常与轴端挡圈联合使用，实现零件的双向定位，如图 7－11 所示。

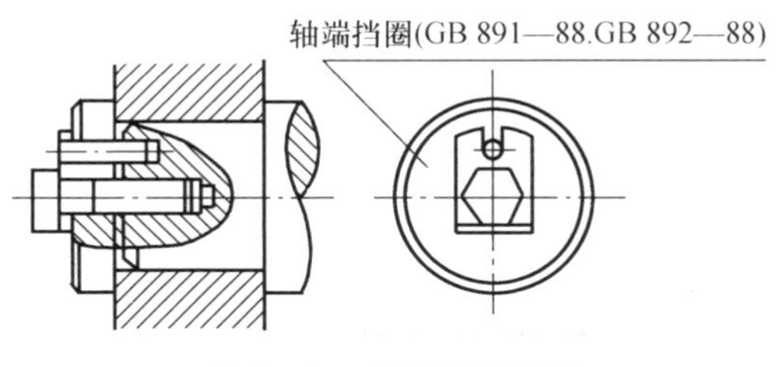

图 7－10　轴端挡圈定位

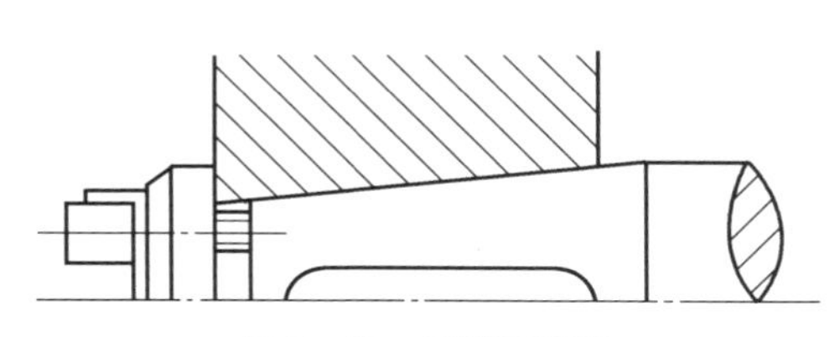

图 7－11　圆锥面定位

（5）圆螺母定位。固定可靠，可以承受较大的轴向力，能实现轴上零件的间隙调整。但切制螺纹将会产生较大的应力集中，降低轴的疲劳强度。多用于固定装在轴端的零件，如图 7－12 所示。为了减小对轴强度的削弱，常采用细牙螺纹，为了防松，需加止动垫片或者使用双螺母。

（6）弹性挡圈定位。结构紧凑、简单、装拆方便，但受力较小，且轴上切槽会引起应力集中，常用于轴承的定位，如图 7－13 所示。

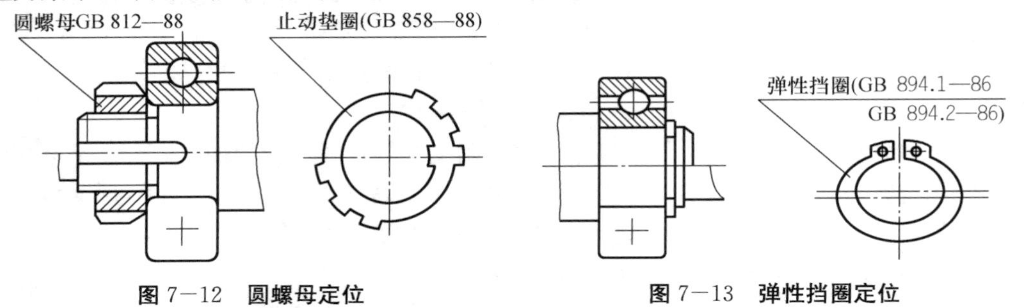

图 7－12　圆螺母定位　　图 7－13　弹性挡圈定位

2. 轴的周向固定

轴上零件的周向定位方法主要有键（平键、半圆键、楔键等）、花键、成形面、过盈配合等等。

由于工作条件不同，零件在轴上的定位方式和配合性质也不相同，而轴上零件的定位方法又直接影响到轴的结构形状。在进行轴的结构设计时，必须综合考虑轴上载荷的大小及性质、轴的转速、轴上零件的类型及其使用要求等，合理作出定位选择。

三、轴的结构工艺性

从满足强度和节省材料考虑，轴的形状最好是等强度的抛物线回转体。但是这种形状的轴既不便于加工，也不便于轴上零件的固定，从加工考虑，最好是直径不变的光轴，但光轴不利于零件的拆装和定位。由于阶梯轴接近于等强度，而且便于加工和轴上零件的定位和拆装，所以实际上的轴多为阶梯形。为了能选用合适的圆钢和减少切削用量，阶梯轴各轴段的直径不宜相差过大，一般取为 5～10 mm。

为了便于切削加工，一根轴上的圆角应尽可能取相同的半径，退刀槽取相同的宽度，倒角尺寸相同；一根轴上各键槽应开在同一母线上，若开设键槽的轴段直径相差不大时，应尽可能采用相同宽度的键槽，以减少换刀次数。

需要磨削的轴段，应该留有砂轮越程槽，以便磨削时砂轮可以磨削到轴肩的端部；需要切制螺纹的轴段，应留有退刀槽，以保证螺纹牙均能达到期望的高度，如图 7－14 所示。为了便于加工和检验，轴的直径应取为圆整值；与滚动轴承相配合的轴颈直径应符合滚动轴承内径标准；有螺纹的轴段直径应符合螺纹标准直径。

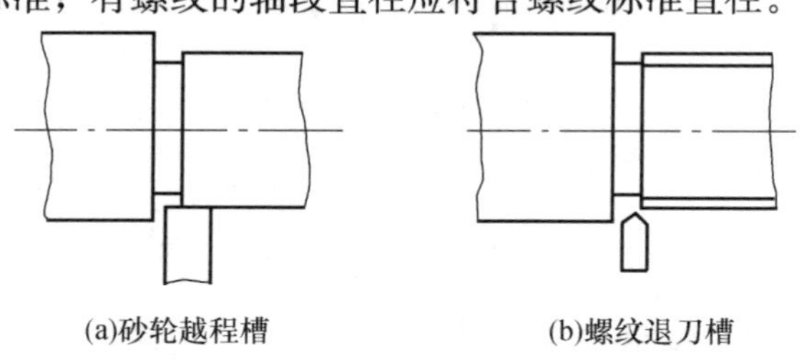

(a)砂轮越程槽　　(b)螺纹退刀槽

图 7－14　退刀槽和越程槽

为了便于装配，轴端应加工出倒角（一般为45°），以免装配时把轴上零件的孔壁擦伤，过盈配合零件的装入端应加工出导向锥面，以便零件能顺利地压入。

四、轴的直径和长度

（1）与滚动轴承配合的轴颈直径，必须符合滚动轴承内径的标准系列。

（2）轴上车制螺纹部分的直径，必须符合外螺纹大径的标准系列。

（3）安装联轴器的轴头直径应与联轴器的孔径范围相适应。

（4）与零件（如齿轮、带轮等）相配合的轴头直径，应按优先数系定制的标准尺寸。轴的标准直径可查阅国家标准。

任务三　滚动轴承的选择

【任务描述】

轴承的功用是支撑轴以及轴上的零件，保持轴的旋转精度，减少轴与支撑之间的摩擦与磨损。这里主要介绍滚动轴承的类型、代号和选择。

【任务分析】

根据滚动轴承的类型及其应用场合，结合轴系的载荷、转速等条件来选择滚动轴承。

【知识与技能】

一、滚动轴承的结构

如图7－15所示，滚动轴承一般由外圈1、内圈2、滚动体3和保持架4组成。内圈装在轴颈上，外圈装在机座或零件的轴承孔内。多数情况下，外圈不转动，内圈与轴一起转动。当内外圈之间相对旋转时，滚动体沿着滚道滚动。保持架使滚动体均匀分布在滚道上，并减少滚动体之间的碰撞和磨损。

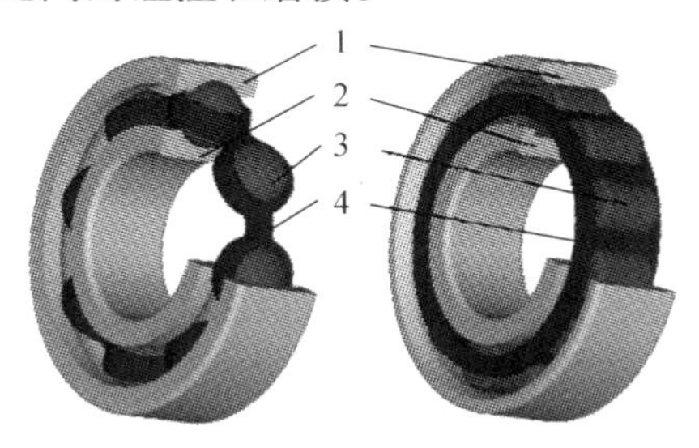

图7－15　滚动轴承组成

1－外圈　2－内圈　3－滚动体　4－保持架

作为转轴支撑的滚动轴承，显然其中的滚动体是必不可少的元件；有时为了简化结构，降低成本造价，可根据需要而省去内圈、外圈甚至保持架等。这时滚动体直接与轴颈和座孔滚动接触。例如自行车上的滚动轴承就是这样的简易结构。

当内、外圈相对转动时，滚动体即在内外圈的滚道中滚动。

常见的滚动体形状如图 7－16 所示，有球形、圆柱、圆锥、球面、滚针及非对称球面滚子。

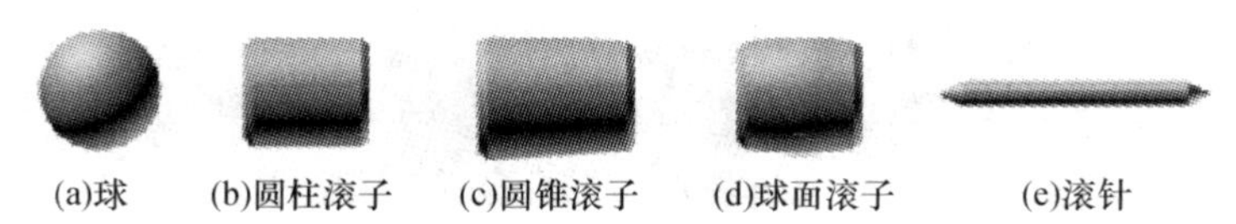

(a)球　(b)圆柱滚子　(c)圆锥滚子　(d)球面滚子　(e)滚针

图 7－16　滚动体类型

滚动轴承的内外圈和滚动体应具有较高的硬度和接触疲劳强度、良好的耐磨性和冲击韧性。一般用特殊轴承钢制造，常用材料有 GCr15、GCr15SiMn、GCr6、GCr9 等，经热处理后硬度可达 60～65HRC。滚动轴承的工作表面必须经磨削抛光，以提高其接触疲劳强度。保持架多用低碳钢板通过冲压成形方法制造，也可采用有色金属或塑料等材料。为适应某些特殊要求，有些滚动轴承还要附加其他特殊元件或采用特殊结构，如轴承无内圈或外圈、带有防尘密封结构或在外圈上加止动环等。滚动轴承具有摩擦阻力小、启动灵敏、效率高、旋转精度高、润滑简便和装拆方便等优点，被广泛应用于各种机器和机构中。

二、滚动轴承的代号

滚动轴承的种类很多，而各类轴承又有不同结构、尺寸和公差等级等，为了表征各类轴承的不同特点，便于组织生产、管理、选择和使用，国家标准中规定了滚动轴承代号的表示方法，由数字和字母所组成。

滚动轴承的代号由三个部分代号所组成：前置代号、基本代号和后置代号。如表 7－3 所示。

表 7－3　滚动轴承代号组成

前置代号	基本代号			后置代号（组）							
	轴承类型	尺寸系列	轴承内径	内部结构	密封防尘套圈变型	保持架（材料）	轴承材料	公差等级	游隙	多轴承配置	其他

1. 基本代号

基本代号是表示轴承主要特征的基础部分，也是我们应着重掌握的内容，包括轴承类型、尺寸系列和内径。

类型代号用数字或大写拉丁字母表示，如表 7－4 所示。

表 7－4　轴承类型代号

轴承类型	代号	轴承类型	代号
双列角接触球轴承	0	深沟球轴承	6
调心球轴承	1	角接触球轴承	7
调心滚子轴承和推力调心滚子轴承	2	推力圆柱滚子轴承	8
圆锥滚子轴承	3	圆柱滚子轴承	N

续表 7—4

轴承类型	代号	轴承类型	代号
双列深沟球轴承	4	外球面球轴承	U
推力球轴承	5	四点接触球轴承	QJ

尺寸系列是是由轴承的直径系列代号和宽度系列代号组合而成，用两位数字表示。宽度系列是指径向轴承或向心推力轴承的结构、内径和直径都相同，而宽度为一系列不同尺寸，依 8、0、1、…、6 次序递增。用基本代号右起第四位数字表示。

直径系列表示同一类型、相同内径的轴承在外径和宽度上的变化，用基本代号右起第三位数字表示。按 7、8、9、0、1、…、5 顺序外径尺寸增大，如图 7—17 所示。

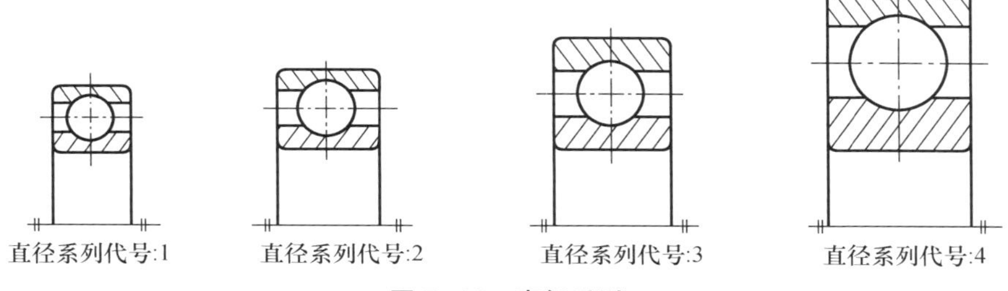

图 7—17　直径系列

内径代号是用两位数字表示轴承的内径。内径 d＝10～480 mm 的轴承内径表示方法见如表 7—5 所示，用基本代号右起第一、二位数字表示。

表 7—5　内径代号

内径代号	00	01	02	03	04～96
轴承内径 d/mm	10	12	15	17	代号数×5

2. 前置代号、后置代号

前置、后置代号是轴承在结构形状、尺寸、公差、技术要求等有改变时，在基本代号左右添加的补充代号。

前置代号用字母表示，用以说明成套轴承部件的特点。

后置代号用字母或字母—数字的组合来表示，按不同的情况可以紧接在基本代号之后或者用“—”、“/”符号隔开。

常见的轴承内部结构代号及公差等级代号如表 7—6、7—7 所示。

表 7－6　内部结构代号

代号	含义及示例
C	角接触球轴承　公称接触角　$\alpha=15°$　7210C 调心滚子轴承　C 型　23122C
AC	角接触球轴承　公称接触角　$\alpha=25°$　7210AC
B	角接触球轴承　公称接触角　$\alpha=45°$　7210B 圆锥滚子轴承　接触角加大　32310B
E	加强型（即内部结构设计改进，增大轴承承载能力）N207E

表 7－7　轴承公差代号

代号		含义和示例
新标准 GB/T 272—93	原标准 GB 272—88	
/P0	G	公差等级符合标准规定的 0 级，代号中省略不标 6203
/P6	E	公差等级符合标准中的 6 级　6203/P6
/P6X	EX	公差等级符合标准中的 6X 级　6203/P6X
P5	D	公差等级符合标准中的 5 级　6203/P5
P4	C	公差等级符合标准中的 4 级　6203/P4
P2	B	公差等级符合标准中的 2 级　6203/P2

例 7－1　试说明轴承代号 6206、7312C 及 51410/P6 的含义。

解： 6206：（从左至右）6 为深沟球轴承；2 为尺寸系列代号，直径系列为 2、宽度系列为 0（省略）；06 为轴承内径 30 mm；公差等级为 0 级。

7312C：（从左至右）7 为角接触球轴承；3 为尺寸系列代号，直径系列为 3、宽度系列为 0（省略）；12 为轴承内径 60 mm；C 为公称接触角 $\alpha=15°$；公差等级为 0 级。

51410/P6：（从左至右）5 为双向推力轴承；14 为尺寸系列代号，直径系列为 4、宽度系列为 1；10 为轴承直径 50 mm；P6 前有“/”，为轴承公差等级。

【自测题】

1. 典型的滚动轴承由哪四部分组成？

2. 现有轴承 6208/P2、30208、5308/P6、N2208，试说明各轴承的内径有多大？哪个轴承的公差等级最高？哪个允许的极限转速最高？哪个承受径向载荷能力最大？哪个不能承受径向载荷？

项目八　机械的润滑与密封

【学习目标】

1. 培养目标

培养学生合理地选择润滑装置和润滑系统、科学地使用润滑剂的能力，具备正确使用常用润滑方法的能力。

2. 知识目标

掌握机械摩擦的基本特性、润滑的基本方法，确保机器安全正常运行。

任务一　摩擦与磨损

【任务描述】

各种运动的机械零件，在工作中都要发生摩擦和磨损。为了减少机械零件的摩擦和磨损，通常有效的方法是在发生摩擦的零件表面之间添加润滑剂。正确进行润滑是保证机器正常运转的重要条件，是机器维护保养工作的重要内容。合理地选择润滑装置和润滑系统，科学地使用润滑剂，才能做到减少机器的磨损，降低动力消耗和油品消耗，延长机器的寿命。

【任务分析】

掌握不同情况下摩擦的形式，确定摩擦是有益的还是不利的，充分地利用摩擦，有效降低摩擦引起的能量损失是本任务的重点。通过理论分析利用库伦公式计算，根据不同摩擦的形式确定润滑形式。

【知识与技能】

摩擦、磨损和润滑、密封广泛地存在于人们的生产和生活中，各类机器在工作时，其各零件相对运动的接触部分都存在着摩擦，摩擦是机器运转过程中不可避免的物理现象。摩擦不仅消耗能量，而且使零件发生磨损，甚至导致零件的失效。据统计，世界上有 1/3～1/2 的能源消耗在各种形式的摩擦上，而各种机械零件因磨损失效也占全部失效零件的一半以上。磨损是摩擦的结果。为了减少摩擦或降低磨损，往往要采用润滑。

摩擦在某些情况下是有益的，如带传动等，必须尽可能地增大它。磨损也有有利的一面，如新机械的跑合等。

一、摩擦

在外力作用下，一个物体相对于另一物体有相对运动或运动趋势时，两物体接触面间产生的阻碍物体运动的切向阻力称为摩擦力。这种在物体接触区产生阻碍运动并消耗能量的现象，称为摩擦。

根据摩擦副表面间的润滑状态将摩擦状态分为 4 种：干摩擦、流体摩擦、边界摩擦、混合摩擦，如图 8－1 所示。

1. 干摩擦

如果两物体的滑动表面为无任何润滑剂或保护膜的纯金属，这两个物体表面直接接触时的摩擦称为干摩擦，如图 8－1（a）所示。干摩擦状态产生较大的摩擦功耗及严重的磨损，因此应严禁出现这种摩擦。

干摩擦常用库仑公式（摩擦定律）表达摩擦力 F、法向力 F_N 和摩擦系数 f 之间的关系：

$$F=f\cdot F_N \tag{8-1}$$

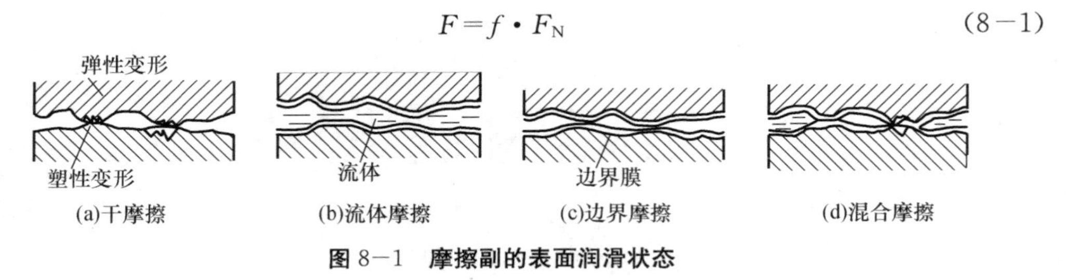

图 8－1　摩擦副的表面润滑状态

库仑公式具有简单、实用等特点。在工程上，除流体摩擦外，其他几种摩擦和固体润滑都能近似地应用该公式进行计算。

库仑定律只适用于粗糙表面。两个粗糙表面接触时接触点互相啮合，摩擦力就是啮合点间切向阻力的总和。表面愈粗糙，摩擦力愈大。

库仑定律不能解释光滑表面间的摩擦现象，粗糙度愈低，接触面积愈大，摩擦力也愈大。滑动速度大时还与速度有关。

古典的库仑定律有一定的局限性，目前又出现几种理论来阐明摩擦的本质，但尚未形成统一的理论。目前比较通用的有粘着理论、分子—机械理论等。

2. 液体摩擦

两摩擦表面被一流体层（液体或气体）隔开，不发生直接摩擦接触，摩擦性质取决于流体内部分子间的粘性阻力，称为液体摩擦，如图 8－1（b）所示。液体动压滑动轴承和液体静压滑动轴承的摩擦状态就属于液体摩擦。

3. 边界摩擦

两摩擦表面间存在着一层极薄（有的只有一两层分子厚）的起润滑作用的膜（称为边界膜）的状态称为边界摩擦，如图 8－1（c）所示。摩擦性质不取决于流体粘度，而与边界膜和表面的吸附性质有关。

4. 混合摩擦

在实际使用中，有较多的摩擦副处于干摩擦、流体摩擦、边界摩擦的混合状态，称为混合摩擦，如图 8－1（d）所示，其摩擦系数比边界摩擦小得多，但由于仍有微凸体的直接接触，所以磨损是不可避免的。

由于液体摩擦、边界摩擦、混合摩擦都必须在一定的润滑条件下才能实现，因此这三种摩擦又分别称为液体润滑、边界润滑和混合润滑。各种摩擦状态下的摩擦系数如表

8－1所示。

表8－1　不同摩擦状态下的参考摩擦系数

摩擦状况	摩擦系数	摩擦状况	摩擦系数
干摩擦		边界润滑	
相同金属：黄铜—黄铜 青铜—青铜	0.8～1.5	矿物油湿润金属表面	0.15～0.3
异种金属：铜铅合金—钢 巴氏合金—钢	0.15～0.3 0.15～0.3	加油性添加剂的油润滑： 钢—钢、尼龙—钢 尼龙—尼龙	 0.05～0.10 0.10～0.20
非金属：		液体润滑	
橡胶—其他材料	0.6～0.9	液体动压润滑	0.01～0.001
聚四氟乙烯—其他材料	0.04～0.12	液体静压润滑	0.001～0.000 000 1
固体润滑		滚动摩擦	
石墨、二硫化钼润滑	0.06～0.20	圆柱在平面上纯滚动	0.001～0.000 01
铅膜润滑	0.08～0.20	一般滚动轴承	0.01～0.001

二、磨损

运动副之间的摩擦导致零件表面材料不断损失的现象称为磨损。单位时间内材料的磨损量称为磨损率。磨损量可以用体积、质量或厚度来衡量。

机械零件严重磨损后，将降低机械工作的可靠性，会使机器提早报废。因此，研究磨损机理，弄清影响磨损的各种因素，尽量避免或减轻磨损具有很大的经济意义。当然磨损并非都是有害的，如机械的跑合以及利用磨损原理进行加工，如磨削、研磨、抛光以及跑合等。

1. 磨损过程

磨损过程大致可分为以下三个阶段，如图8－2所示。

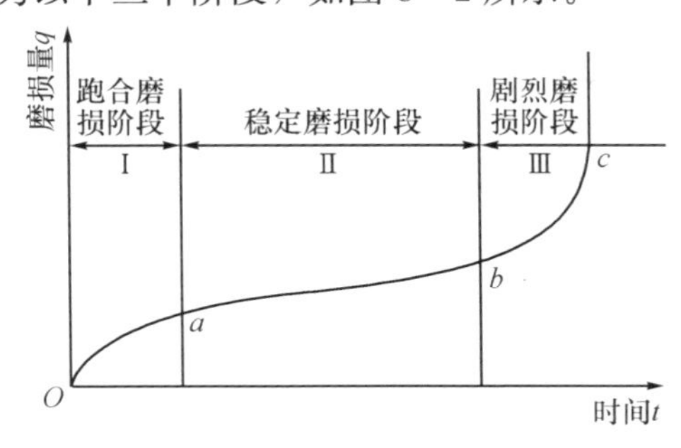

图8－2　零件的磨损过程

(1) 跑合磨损阶段。在这一阶段中，磨损速度由快变慢，而后逐渐减小到一稳定值，如图8－2中磨损曲线的 Oa 段。这是由于新加工的零件摩擦表面呈尖峰状态，使运转初期时摩擦副的实际接触面积较小，单位接触面积上的压力就较大，因而磨损速度较快。当跑合磨损到一定程度后，尖峰逐渐被磨平，使实际接触面积增大，压强减小，磨损速度即逐渐减慢，这个阶段对新的零件是十分必要的，不可草率对待。随后进入稳定磨损阶段。

（2）稳定磨损阶段。这一阶段中磨损缓慢，磨损率稳定，零件以平稳而缓慢的磨损速度进入零件的正常工作阶段，如图 8－2 中的 ab 段。这个阶段的长短代表了零件使用寿命的长短。磨损曲线的斜率即为磨损率，斜率愈小磨损率就愈低，零件的使用寿命就愈长。经此磨损阶段后零件进入剧烈磨损阶段。

（3）剧烈磨损阶段。此阶段的特征是磨损速度及磨损率都急剧增大。此时摩擦副的间隙增大，零件的磨损加剧，精度下降，润滑状态恶化，温度升高，从而产生振动、冲击和噪音，导致零件迅速失效、报废，如图 8－2 中的 bc 段。

上述磨损过程中的三个阶段，是一般机械运动过程中都存在的。在设计或使用机械时，应该力求缩短跑合期，延长稳定磨损期，推迟剧烈磨损期的到来。

磨损量的允许值随着机械的使用要求不同而有很大差别。

2. 磨损分类

按照磨损的机理以及零件磨损状态的不同，磨损可分为四种基本类型：粘着磨损、磨粒磨损、表面疲劳磨损及腐蚀磨损。实际上，同一表面上的磨损可能是其中的一种，也可能是几种复合起来的复杂形式。

（1）磨粒磨损。由于摩擦表面上的硬质突出物或从外部进入摩擦表面的硬质颗粒，对摩擦表面起到切削或刮擦作用，从而引起表层材料脱落的现象称为磨粒磨损。它是常见的一种磨损形式，应设法减轻。为了减轻磨粒磨损，除注意满足润滑条件外，还应合理地选择摩擦副的材料、降低表面粗糙度以及加装防护密封装置等。

（2）粘着磨损。当摩擦副受到较大正压力作用时，由于表面不平，其顶峰接触点受到高压力作用而产生弹、塑性变形，附在摩擦表面的吸附膜破裂，温升后使金属的顶峰塑性面牢固地粘着并熔焊在一起，形成冷焊结点。在两摩擦表面相对滑动时，材料便从一个表面转移到另一个表面，成为表面凸起，促使摩擦表面进一步磨损。这种由于粘着作用引起的磨损称为粘着磨损。

粘着磨损按程度不同可分为五级：轻微磨损、涂抹、擦伤、撕脱、咬死。如气缸套与活塞环、曲轴与轴瓦、轮齿啮合表面等，皆可能出现不同粘着程度的磨损。涂抹、擦伤、撕脱又称为胶合，往往发生于高速、重载的场合。

为了减轻粘着磨损，可以采取下列措施：

①合理选择摩擦副材料，如选择异种金属，采用表面处理（如电镀、化学热处理、表面热处理、喷镀等）可防止粘着磨损发生。

②采用含有油性和极压添加剂的润滑剂。

③限制摩擦表面的温度。

④控制压强。

（3）疲劳磨损（点蚀）。受交变接触应力的摩擦副，在其表面上形成裂纹而逐步扩展与相互连接，表层金属脱落，形成许多月牙形浅坑（又称麻坑），这种现象称为表面接触疲劳磨损，又称为点蚀。这种磨损是齿轮轮齿、滚动轴承的主要磨损形式。

为了提高摩擦副的接触疲劳寿命，除应合理地选择摩擦副材料外，还应注意：

①合理选择摩擦表面的粗糙度。

②合理选择润滑油的粘度。粘度低的油容易渗入裂纹，加速裂纹扩展。粘度高的油

有利于接触应力均匀分布，提高抗疲劳磨损的能力。润滑油中使用极压添加剂或固体润滑剂 $MoS2$，能提高接触表面的抗疲劳性能。

③合理选择表面硬度。以轴承钢为例，硬度为 62HRC 时，抗疲劳磨损能力为最大，如增加或降低此硬度，接触疲劳寿命就会较大地下降。

（4）腐蚀磨损。在摩擦过程中，摩擦面与周围介质发生化学或电化学反应而产生物质损失的现象，称为腐蚀磨损。腐蚀磨损可分为氧化磨损、特殊介质腐蚀磨损、气蚀磨损等。氧化磨损是最常见的腐蚀磨损，磨损速度比较缓慢，但在高温、潮湿环境中，有时也很严重。腐蚀也可以在没有摩擦的条件下形成，这种情况常发生在钢铁类零件，如化工管道、泵类零件、柴油机缸套等。

润滑油（脂）具有保护摩擦表面的作用，但应注意油脂与氧反应生成的酸性化合物对表面有腐蚀作用。

任务二　润滑

【任务描述】

在摩擦面间加入润滑剂，不仅可以降低摩擦、减轻磨损、保护零件不遭锈蚀，而且当采用液体循环润滑时还能起散热降温的作用。此外，润滑剂还具有传递动力、缓冲吸震、密封和清除污物等作用。

【任务分析】

掌握不同润滑剂的性质，根据其动力粘度、运动粘度等参数选择适合的润滑油。

【知识与技能】

常用的润滑剂除了润滑油和润滑脂外，还有固体润滑剂（如石墨、二硫化钼、聚四氟乙烯等）、气体润滑剂（如空气、氢气、水蒸气等）。

一、润滑油

润滑油是目前使用最多的润滑剂，主要包括动植物油、矿物油和化学合成油三类。其中矿物油来源充足、成本低、品种多、稳定性好，应用最为广泛。动植物油的油性好，但易变质且价贵，常作添加剂使用。合成油多是针对某种特定需要而研制的，其适用面窄且价格高，故应用甚少。

润滑油最重要的一项物理性能指标为粘度，它是选择润滑油的主要依据。粘度的大小表示液体流动时其内摩擦阻力的大小。粘度愈大，内摩擦阻力就愈大，液体的流动性就愈差。

牛顿提出，液体作层流运动时，两层液体之间的剪切应力 τ 的大小与其速度梯度 du/dy 成正比，如图 8－3 所示，即

$$\tau=-\eta\frac{du}{dy} \tag{8-2}$$

式中 η 为比例常数，称为粘度，也称为动力粘度。因油层速度 u 随距离 y 的增加而减小，故上式带负号。式（8－2）即为牛顿液体粘性定律，也称流体层流流动的内摩擦定律。显然，η 的大小表示液体的稀稠程度。

润滑油的粘度可用动力粘度、运动粘度、条件粘度（恩氏粘度）等三种粘度来表示，我国的石油产品常用运动粘度来标定。

（1）动力粘度 η。对于 1 m^3 的液体，其上表面发生相对速度为 1 m/s 的相对运动时所需的切向力 F 为 1 N，则称该液体的粘度为 1 Pa·s（帕·秒），1 Pa·s＝1 N·s/m^2，如图 8－4 所示。

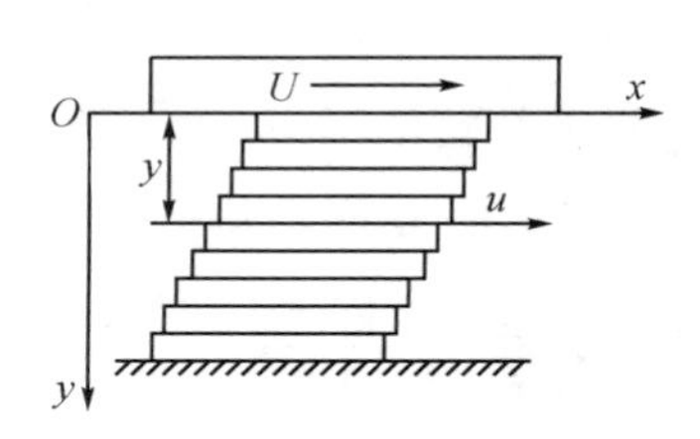

图 8－3　平行板间液体层流流动

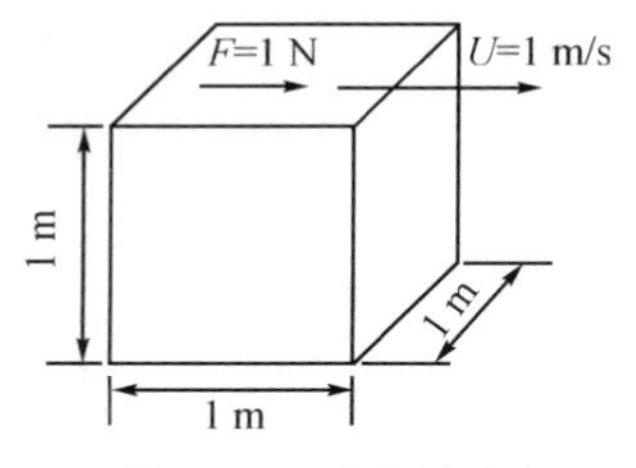

图 8－4　动力粘度

（2）运动粘度 ν。液体的动力粘度 η 与液体在相同温度下密度 ρ 的比值称为该液体的运动粘度 ν，即

$$\nu=\eta/\rho \tag{8-3}$$

式中：

η——动力粘度，单位为 Pa·s；

ρ——密度，单位为 kg/m^3；

ν——运动粘度，单位为 m^2/s。

一般润滑油的牌号就是该润滑油在 40℃（或 100℃）时的运动粘度（以 mm^2/s 为单位）的平均值，如 L－AN46 全损耗系统用油在 40℃ 时的运动粘度为 41.4～50.6 mm^2/s。

（3）条件粘度（恩氏粘度）。在规定的温度下从恩氏粘度计流出 200 mL 样品所需的时间与同体积蒸馏水在 20 ℃时流出所需的时间之比值称为该液体的条件粘度，以°E 表示。国际上尚有许多国家仍采用恩氏粘度（即为条件粘度）。

运动粘度和恩氏粘度之间可通过下式进行换算：

当 1.35≤°E≤3.2 时，$\nu=8.0°E-(8.64/°E)$；

当°E>3.2 时，$\nu=7.6°E-(4.0/°E)$

润滑油的主要物理性能指标还有凝点、闪点、燃点和油性等。润滑油的粘度并不是固定不变的，而是随着温度和压强而变化。粘度随温度的升高而降低，且变化很大，因此在注明某种润滑油的粘度时，必须同时标明它的测试温度，否则便毫无意义。粘度指数可衡量润滑油在温度变化时粘度变化的大小。粘度变化越小的油，摩擦力变化也越小，粘度指数就越大。粘度随压强的升高而增大，但当压强小于 2.0 MPa 时，其影响甚小，可不必考虑。在高压下油的粘度将显著地增加，甚至成为蜡状固体，此时就必须考虑压强的影响。常用润滑油的性能和用途如表 8－2 所示。

表8－2　工业常用润滑油的性能和用途

<table>
<tr><th>类　别</th><th>品种代号</th><th>牌号</th><th>运动粘度(40℃)(mm²/s)</th><th>闪点/℃不低于</th><th>倾点/℃不高于</th><th>主要性能和用途</th><th>说明</th></tr>
<tr><td rowspan="6">工业闭式齿轮油(GB 5903—95)</td><td rowspan="2">L－CKB抗氧防锈工业齿轮油</td><td>46
68
100</td><td>41.4～50.6
61.2～74.8
90～110</td><td>180</td><td rowspan="2">－8</td><td rowspan="2">具有良好的抗氧化性、抗腐蚀性、抗浮化性等性能，适用于齿面应力在500 MPa以下的一般工业闭式齿轮传动的润滑</td><td rowspan="6">L为润滑剂类</td></tr>
<tr><td>150
220
320</td><td>135～165
198～242
288～352</td><td>200</td></tr>
<tr><td rowspan="2">L－CKC中载荷工业齿轮油</td><td>68
100
150</td><td>61.2～74.8
90～110
135～165</td><td>180</td><td>－8</td><td rowspan="2">具有良好的极压抗磨和热氧化安定性，适用冶金、矿山、机械、水泥等工业的中载荷(500～1 100 MPa)闭式齿轮传动的润滑</td></tr>
<tr><td>220
320
460
680</td><td>198～242
288～352
414～506
612～748</td><td>200</td><td>－5</td></tr>
<tr><td rowspan="2">L－CKD重载荷工业齿轮油</td><td>100
150
220</td><td>90～110
135～165
198～242</td><td>180</td><td>－8</td><td rowspan="2">具有良好的极压抗磨性、抗氧化性，适用冶金、矿山、机械、化工等行业的重载荷齿轮传动的润滑</td></tr>
<tr><td>320
460
680</td><td>288～352
414～506
612～748</td><td>200</td><td>－5</td></tr>
<tr><td>主轴油</td><td>主轴油(SH 0017—90)</td><td>N2
N3
N5
N7
N10
N15
N22</td><td>2.0～2.4
2.9～3.5
4.2～5.1
6.2～7.5
9.0～11.0
13.5～16.5
19.8～24.2</td><td>60
70
80
90
100
110
120</td><td>凝点不高于－15</td><td>主要适用于精密机床主轴轴承的润滑及其他以油浴、压力、油雾润滑为润滑方式的滑动轴承和滚动轴承的润滑。N10可作为普通轴承用油和缝纫机用油</td><td>SH为石化部标准代号</td></tr>
</table>

续表 8—2

<table>
<tr><th>类 别</th><th>品种代号</th><th>牌号</th><th>运动粘度(40℃)(mm²/s)</th><th>闪点/℃不低于</th><th>倾点/℃不高于</th><th>主要性能和用途</th><th>说明</th></tr>
<tr><td rowspan="10">全损耗系统用油(GB 443—89)</td><td rowspan="10">L—AN 全损耗系统用油</td><td>5</td><td>4.14～5.06</td><td>80</td><td rowspan="10">−5</td><td rowspan="10">不加或加少量添加剂，质量不高，适用于一次性润滑和某些要求较低、换油周期较短的油浴式润滑</td><td rowspan="10">全损耗系统用油，包括L—AN全损耗系统用油和主轴油</td></tr>
<tr><td>7</td><td>6.12～7.48</td><td>110</td></tr>
<tr><td>10</td><td>9.00～11.00</td><td>130</td></tr>
<tr><td>15</td><td>13.5～16.5</td><td rowspan="4">150</td></tr>
<tr><td>22</td><td>19.8～24.2</td></tr>
<tr><td>32</td><td>28.8～35.2</td></tr>
<tr><td>46</td><td>41.4～50.6</td></tr>
<tr><td>68</td><td>61.2～74.8</td><td>160</td></tr>
<tr><td>100</td><td>90.0～110</td><td rowspan="2">180</td></tr>
<tr><td>150</td><td>135～165</td></tr>
</table>

二、润滑脂

润滑脂是在润滑油中加入稠化剂（如钙、钠、锂等金属皂）混合稠化而成。有的还可加入一些添加剂以增加抗氧化性和油膜强度。润滑脂稠度大，不易流失，密封简单，承载能力大，但润滑脂的理化性能不如润滑油稳定，摩擦功耗较大，因此常用于低速、多冲击载荷或间歇工作机械中。

加入稠化剂，如钙基皂、钠基皂、锂基皂等，即可制成钙基润滑脂、钠基润滑脂、锂基润滑脂等。

润滑脂的主要性能指标为滴点、针入度和耐水性等。

（1）滴点是指润滑脂受热后从标准测量杯的孔口滴下第一滴油时的温度。滴点标志着润滑脂的耐高温能力，润滑脂的工作温度应比滴点低 20 ℃～30 ℃。

（2）针入度即润滑脂的稠度。将重量为 1.5 N 的标准锥体在 25 ℃恒温下，由润滑脂表面自由沉下，经 5 s 后该锥体可沉入的深度值（以 0.1 mm 为单位）即为润滑脂的针人度。针入度表明润滑脂内阻力的大小和流动性的强弱。针入度越小，表明润滑脂越稠，承载能力越强，密封性越好，但摩擦阻力也越大，流动性越差，因而不易填充较小的摩擦间隙。

目前使用最多的是钙基润滑脂，其耐水性强，但耐热性差，常用于 60 ℃以下的工作场合之中。钠基润滑脂的耐热性好，可用在 115 ℃～145 ℃以下的工作场合之中，但其耐水性差。锂基润滑脂的性能优良，耐水耐热性均好，可以在 −20 ℃～150 ℃的范围内广泛使用。

常用润滑脂的性能和用途如表 8－3 所示。

三、润滑油和润滑脂中的添加剂

为了改善润滑油和润滑脂的性能，或适应某些特殊的需要，常在普通的润滑油和润滑脂中加入一定的添加剂，使用添加剂是现代改善润滑性能的主要手段。

加入抗氧化添加剂（如二烷基二硫代磷酸盐等）可抑制润滑油氧化变质；加入降凝

添加剂（如烷基萘等）可降低油的凝点；加入极压添加剂（又称 EP 添加剂，如二苯化二硫、二锌二硫化磷酸锌等）可以在金属表面上形成一层保护膜，以减轻磨损等。

表 8－3　常用润滑脂的牌号、性能和应用

名称	牌号	针入度（25℃）/0.1 mm	滴点/℃	使用温度/℃	主要用途
钙基润滑脂	ZG－1	310～340	75	<55	用于负荷轻和有自动给脂系统的轴承及小型机械润滑
	ZG－2	265～295	80	<55	用于轻负荷、中小型滚动轴承及轻负荷、高速机械的摩擦面润滑
	ZG－3	220～250	85	<60	用于中型电机的滚动轴承、发电机及其他中等负荷、中转速摩擦部位润滑
	ZG－4	175～205	90	<60	用于重负荷低速的机械与轴承润滑
	ZG－5	130～160	95	<65	用于重负荷、低速的轴承润滑
钠基润滑脂	ZN－2	265～295	140	<110	耐高温，但不抗水，适用于各种类型的电动机、发电机、汽车、拖拉机和其他机械设备的高温轴承润滑
	ZN－3	220～250	140	<110	
	ZN－4	175～205	150	<120	
锂基润滑脂	ZL－1	310～340	170	<145	一种多用途的润滑脂，适用于－20℃～145℃范围内的各种机械设备的滚动和滑动摩擦部位的润滑
	ZL－2	265～295	175		
	ZL－3	220～250	180		
	ZL－4	175～205	185		
铝基润滑脂		230－280	75	50	抗水性好，用于航运机器摩擦部位润滑及金属表面的防腐蚀，是高度耐水性的润滑脂

四、润滑剂的选用

1. 润滑剂类型的选用

一般情况下多选用润滑油润滑，但对橡胶、塑料制成的零件可用水润滑。润滑脂常用于不易加油或重载低速场合。气体润滑剂多用于高速轻载场合，如磨床高速磨头的空气轴承。固体润滑剂一般用于不宜使用润滑油或润滑脂的特殊条件下，如高温、高压、极低温、真空、强辐射、不允许污染及无法给油等场合。

2. 润滑剂牌号的选用

润滑剂类型确定后，牌号的选用可从以下几个方面考虑：

（1）工作载荷。润滑油的粘度愈大，其油膜承载能力愈大，故工作载荷大时，应选用粘度大且油性和极压性好的润滑油。对受冲击载荷或往复运动的零件，因不易形成液体油膜，故应采用粘度大的润滑油或针入度小的润滑脂，或用固体润滑剂。

（2）运动速度。低速不易形成动压油膜，宜选用粘度大润滑油或针入度小的润滑脂；高速时，为了减少功耗，宜选用粘度小的润滑油或针入度大的润滑脂。

(3) 工作温度。低温下工作应选用粘度小、凝点低的润滑油；高温下工作应选用粘度大、闪点高及抗氧化性好的润滑油；工作温度变化大时，宜选用粘温特性好、粘度指数高的润滑油。在极低温下工作，当采用抗凝剂也不能满足要求时，应选用固体润滑剂。

(4) 工作表面粗糙度和间隙大小。表面粗糙度大，要求使用粘度大的润滑油或针入度小的润滑脂：间隙小要求使用粘度小的润滑油或针入度大的润滑脂。关于润滑剂的牌号、性能及其应用场合等可参阅有关手册。

3. 润滑方式及润滑装置

为了获得良好的润滑效果，除了正确地选择润滑剂以外，还应选择适当的润滑方式及相应的润滑装置。

油润滑的方式是多种多样的，按润滑方法来分，可分为四大类，即集中润滑或分散润滑、连续润滑或间歇润滑、压力润滑或无压力润滑、循环式润滑或非循环式润滑。分散润滑比集中润滑简便，集中润滑需要一个多出口的润滑装置供油，而分散润滑中各摩擦副的润滑装置则是各自独立的。对于轻载、低速的摩擦副可采用间歇无压力润滑或间歇压力润滑，可利用油壶、油枪将油注入油杯进行润滑。油杯可采用 GB1152—89～GB1157—89 中的适当形式。连续无压力润滑可采用油绳、油垫、针阀式油杯、油环、油轮等润滑装置。而连续压力润滑需采用油泵、喷嘴装置。高速时还可采用油雾发生器实现油雾润滑。

脂润滑的装置较为简单，加脂方式有人工加脂、脂杯加脂和集中润滑系统供脂等。对于单机设备上的轴承、链条等部位，由于润滑点不多，大多采用人工加脂或涂抹润滑脂。对于润滑点多的大型设备，如矿山机械、船舶机械等，则采用集中润滑系统。

任务三　密封装置应用

【任务描述】

为了使润滑持续、可靠、不漏油，同时为了防止外界脏物进入机体，必须采用相应的密封装置。密封装置是一种能保证密封性的零件组合，一般包括被密封表面（如轴和轴承座的圆柱表面)、密封件（例如 O 形密封圈、毡圈等）和辅助件（如副密封件、受力件、加固件等)。

【任务分析】

密封件是防止机件泄漏的主要部件，此外还常常采用将接合部位焊合、铆合、压合、折边等永久性防止流体泄漏的方法以消除泄漏。

【知识与技能】

一、对密封件的基本要求

(1) 在一定的压力和温度范围内具有良好的密封性能。

（2）摩擦阻力小，摩擦系数稳定。

（3）磨损小，磨损后在一定程度上能自动补偿，工作寿命长。

（4）结构简单，装拆方便，价格低廉。

二、常用密封件

各种密封件都为标准件，可查阅有关手册选取适当的形式与尺寸，如毡圈油封及槽可查阅 JB/ZQ 4606—86，O 形橡胶密封圈可查阅 GB 3452.1—92。

三、设计密封装置时应注意的问题

任何一种密封装置的工作性能都受到不同因素的影响，这些因素往往是相互关联的。设计密封装置时应考虑以下一些问题：

（1）工作情况：寿命、温度、载荷、滑动速度、储藏和运输条件、结构有无振动、工作参数是否变动等。

（2）被密封介质的性能：冰点和沸点、热物理性能、化学活性、粘度及粘温和粘压关系、狭隙中的特性等。

（3）配合零件及其涂层的材料性能：强度性能，特别是疲劳强度性能及松弛性能、热物理性能等。

（4）机器中安装密封装置部位的结构：零件的结构形状和质量、零件的热物理性能、冷却条件和润滑条件、不同轴度、径向跳动、表面几何特性等。

（5）密封装置的制造和装配工艺性：表面加工方法和特性、制造精度、工艺规范是否符合最佳、正确的装配顺序等。

（6）机器的运转正确性运转参数是否符合计算值、检查周期和润滑剂的更换等。

综上所述，在设计机械时，必须选择合适的润滑装置和密封装置，同时还要注意装置的维护与保养。由于各种机械的工作条件不同，在选择密封装置时也会有所差异，也就是在某一工作条件下，这种装置能有良好的密封效果，而当工作条件改变时，仍然采用这种装置就不一定能达到良好的效果。

参考文献

[1] 陈立德．机械设计基础［M］．北京：高等教育出版社，2004.
[2] 柴鹏飞．机械设计基础［M］．北京：机械工业出版社，2004.
[3] 成大先．机械设计手册［M］．北京：化学工业出版社，2004.
[4] 高英敏．机械设计基础［M］．北京：化学工业出版社，2009.
[5] 李学雷．机械设计基础［M］．北京：科学出版社，2004.
[6] 李育锡．机械设计基础［M］．北京：高等教育出版社，2005.
[7] 罗玉福，王少岩．机械设计基础［M］．第2版．大连：大连理工大学出版社，2006.
[8] 孙志礼．机械设计［M］．沈阳：东北大学出版社 2003.
[9] 孙志礼等．机械设计［M］．沈阳：东北大学出版社，2000.
[10] 吴克坚，等．机械设计［M］．北京：高等教育出版社，2003.
[11] 吴宗泽，刘莹．机械设计教程［M］．北京：机械工业出版社，2003.
[12] 杨可桢．机械设计基础［M］．第5版．北京：高等教育出版社，2006.
[13] 于兴芝．机械设计基础［M］．北京：中国人民大学出版社，2008.
[14] 张春林，曲继方，张美麟．机械创新设计［M］．北京：机械工业出版社，2007.
[15] 张克猛．机械工程基础［M］．西安．西安交通大学出版社，2003.
[16] 朱运利．机械设计基础［M］．北京：机械工业出版社，2006.